Bibliothek des Radio-Amateurs 5. Band
Herausgegeben von **Dr. Eugen Nesper**

Der
Hochfrequenz-Verstärker
Ein Leitfaden für Radio-Techniker

Von

Max Baumgart
Ingenieur

Mit 27 Textabbildungen

Berlin
Verlag von Julius Springer
1924

Alle Rechte, insbesondere das der Übersetzung
in fremde Sprachen, vorbehalten.

ISBN 978-3-642-47110-0   ISBN 978-3-642-47362-3 (eBook)
DOI 10.1007/ 978-3-642-47362-3

Zur Einführung
der Bibliothek des Radio-Amateurs.

Schon vor der Radio-Amateurbewegung hat es technische und sportliche Bestrebungen gegeben, die schnell in breite Volksschichten eindrangen; sie alle übertrifft heute bereits an Umfang und an Intensität die Beschäftigung mit der Radio-Telephonie.
Die Gründe hierfür sind mannigfaltig. Andere technische Betätigungen erfordern nicht unerhebliche Voraussetzungen. Wer z. B. eine kleine Dampfmaschine selbst bauen will — was vor zwanzig Jahren eine Lieblingsbeschäftigung technisch begabter Schüler war —, benötigt einerseits viele Werkzeuge und Einrichtungen, muß andererseits aber auch ein guter Mechaniker sein, um eine brauchbare Maschine zu erhalten. Auch der Bau von Funkeninduktoren oder Elektrisiermaschinen, gleichfalls eine Lieblingsbetätigung in früheren Jahrzehnten, erfordert manche Fabrikationseinrichtung und entsprechende Geschicklichkeit.
Die meisten dieser Schwierigkeiten entfallen bei der Beschäftigung mit einfachen Versuchen der Radio-Telephonie. Schon mit manchem in jedem Haushalt vorhandenen Altgegenstand lassen sich ohne besondere Geschicklichkeit Empfangsresultate erzielen. Der Bau eines Kristalldetektorempfängers ist weder schwierig noch teuer, und bereits mit ihm erreicht man ein Ergebnis, das auf jeden Laien, der seine ersten radiotelephonischen Versuche unternimmt, gleichmäßig überwältigend wirkt: Fast frei von irdischen Entfernungen, ist er in der Lage, aus dem Raum heraus Energie in Form von Signalen, von Musik, Gesang usw. aufzunehmen.
Kaum einer, der so mit einfachen Hilfsmitteln angefangen hat, wird von der Beschäftigung mit der Radio-Telephonie loskommen. Er wird versuchen, seine Kenntnisse und seine Apparatur zu verbessern, er wird immer bessere und hochwertigere Schaltungen ausprobieren, um immer vollkommener die aus dem Raum kommenden Wellen aufzunehmen und damit den Raum zu beherrschen.

Diese neuen Freunde der Technik, die „Radio-Amateure", haben in den meisten großzügig organisierten Ländern die Unterstützung weitvorausschauender Politiker und Staatsmänner gefunden unter dem Eindruck des universellen Gedankens, den das Wort „Radio" in allen Ländern auslöst. In anderen Ländern hat man den Radio-Amateur geduldet, in ganz wenigen ist er zunächst als staatsgefährlich bekämpft worden. Aber auch in diesen Ländern ist bereits abzusehen, daß er in seinen Arbeiten künftighin nicht beschränkt werden darf.

Wenn man auf der einen Seite dem Radio-Amateur das Recht seiner Existenz erteilt, so muß naturgemäß andererseits von ihm verlangt werden, daß er die staatliche Ordnung nicht gefährdet.

Der Radio-Amateur muß technisch und physikalisch die Materie beherrschen, muß also weitgehendst in das Verständnis von Theorie und Praxis eindringen.

Hier setzt nun neben der schon bestehenden und täglich neu aufschießenden, in ihrem Wert recht verschiedenen Buch- und Broschürenliteratur die „Bibliothek des Radio-Amateurs" ein. In knappen, zwanglosen und billigen Bändchen wird sie allmählich alle Spezialgebiete, die den Radio-Amateur angehen, von hervorragenden Fachleuten behandeln lassen. Die Kopplung der Bändchen untereinander ist extrem lose: jedes kann ohne die anderen bezogen werden, und jedes ist ohne die anderen verständlich.

Die Vorteile dieses Verfahrens liegen nach diesen Ausführungen klar zutage: Billigkeit und die Möglichkeit, die Bibliothek jederzeit auf dem Stande der Erkenntnis und Technik zu erhalten. In universeller gehaltenen Bändchen werden eingehend die theoretischen Fragen geklärt.

Kaum je zuvor haben Interessenten einen solchen Anteil an literarischen Dingen genommen, wie bei der Radio-Amateurbewegung. Alles, was über das Radio-Amateurwesen veröffentlicht wird, erfährt eine scharfe Kritik. Diese kann uns nur erwünscht sein, da wir lediglich das Bestreben haben, die Kenntnis der Radiodinge breiten Volksschichten zu vermitteln. Wir bitten daher um strenge Durchsicht und Mitteilung aller Fehler und Wünsche.

Dr. **Eugen Nesper.**

Vorwort.

Wohl kein Gebiet der Technik wirkt anziehender und anregender auf die Jugend und reifere Jugend, als gerade das der Radio-Technik. Schon die für den weniger Eingeweihten geheimnisvollen Vorgänge und das Rätselhafte der Wirkungen löst in fast jedem mit nur einigermaßen für die Technik ansprechendem Gemüt eine Sehnsucht nach den näheren Zusammenhängen aus. Diese Sehnsucht zu fördern und zum Tätigkeitsdrang, zu positiver Arbeit zn verstärken, sollte Aufgabe eines jeden sein, dem die Zukunft unseres Volkes am Herzen liegt. Denn diese Tätigkeit erzieht, regt an und bildet einen selbstbewußten, die Technik und den Fortschritt fördernden und begeisterten Nachwuchs heran. Dieses Büchlein ist für den Bastler und den angehenden Radio-Techniker geschrieben und soll ihn in die Lage versetzen, sich an selbsterbauten und doch gut arbeitenden Geräten zu erfreuen, daran zu lernen, sich und den Seinen zur Unterhaltung, der Allgemeinheit zum Nutzen.

Wenn dieses Büchlein der Bastler- und Radio-Gemeinde neue Freunde und Anhänger wirbt, dann ist der Zweck erreicht, und es wäre der schönste Lohn für alle Arbeit.

Es sei an dieser Stelle bemerkt, daß die praktische Betätigung auf diesem Gebiet vorläufig in Deutschland von der Genehmigung der Reichspostbehörde abhängig ist. Diese Erlaubnis ist also vor Beginn der Arbeiten nachzusuchen.

Berlin, im Februar 1924.

Max Baumgart.

Inhaltsverzeichnis.

	Seite
Bezeichnungen der Radio-Telegraphie und -Telephonie	VII
Allgemeines	1
1. Einführung	1
2. Empfangsanlagen	3
3. Bau von Hochfrequenz-Verstärkern	6
I. Der Zweifachhochfrequenz-Verstärker mit Rahmen	6
a) Schaltungen	6
b) Der Rahmen	7
c) Der Hochfrequenz-Verstärker	11
Das Verstärkerbrett	13
Das Grundbrett	14
Der Lampensockel und die Steckerbuchsenleisten	14
Die Kondensatoren	18
Der Ableitungswiderstand oder die Drossel	19
II. Der Dreifachhochfrequenz-Verstärker für Broadcasting	22
III. Der Fünffachhochfrequenz-Verstärker für Broadcasting	24
Zubehör	25
IV. Das Telephon	25
V. Die Heizbatterie	26
VI. Die Anodenbatterie	27
Einiges über Wellenlängen	31
Die Inbetriebnahme	31

Bezeichnungen der Radio-Telegraphie und -Telephonie.

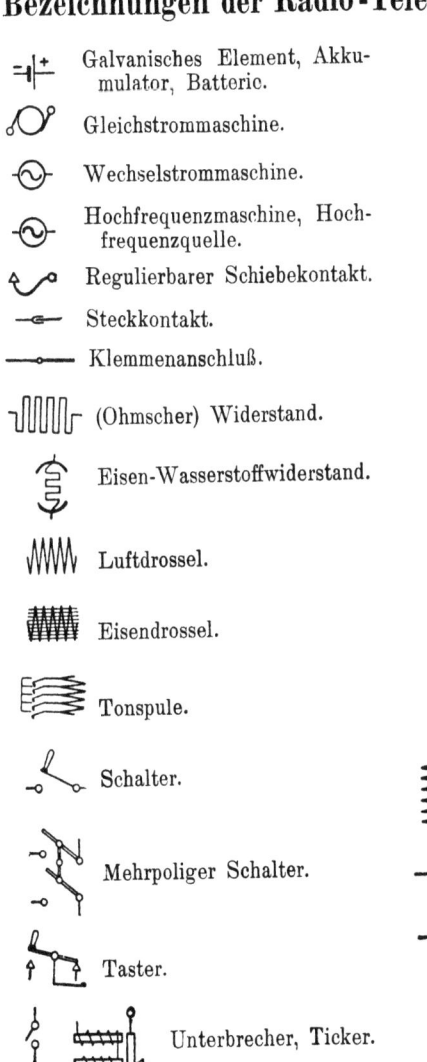

Galvanisches Element, Akkumulator, Batterie.

Gleichstrommaschine.

Wechselstrommaschine.

Hochfrequenzmaschine, Hochfrequenzquelle.

Regulierbarer Schiebekontakt.

Steckkontakt.

Klemmenanschluß.

(Ohmscher) Widerstand.

Eisen-Wasserstoffwiderstand.

Luftdrossel.

Eisendrossel.

Tonspule.

Schalter.

Mehrpoliger Schalter.

Taster.

Unterbrecher, Ticker.

Transformator.

Induktor (Resonanzinduktor). Transformator, Hochfrequenztransformator.

Funkenstrecke für seltene Funkenentladungen.

Löschfunkstrecke (Stoßfunkstrecke).

Lichtbogengenerator.

Entladestrecke für ideale Stoßerregung.

Vakuumröhre (Kathodenröhre).

Unveränderliche Selbstinduktionsspule.

Honigwabenspule (Honeycombcoil).

Veränderliche Selbstinduktionsspule, Schiebespule, Variometer.

Kopplung.

Unveränderlicher Kondensator, Blockkondensator.

Veränderlicher Kondensator, Drehplattenkondensator.

Pendelkondensator.

VIII Bezeichnungen der Radio-Telegraphie und -Telephonie.

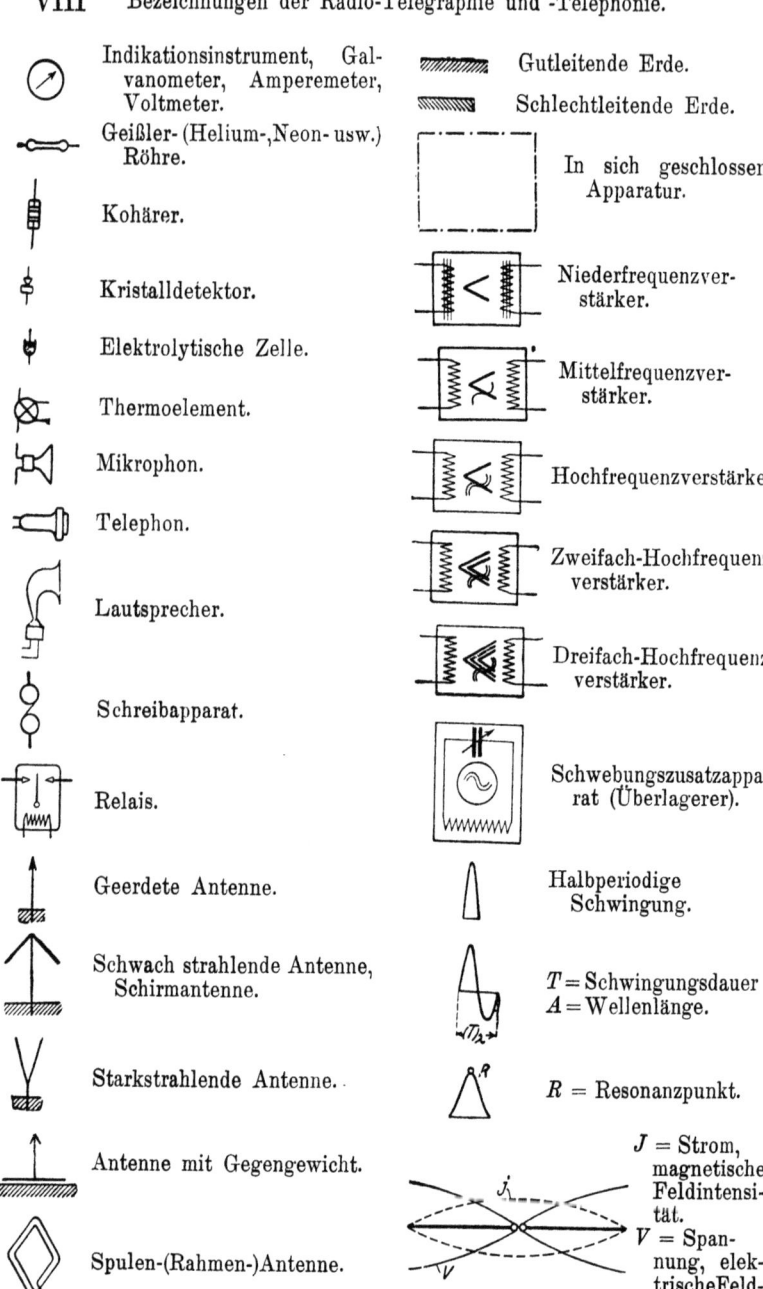

Indikationsinstrument, Galvanometer, Amperemeter, Voltmeter.

Geißler- (Helium-, Neon- usw.) Röhre.

Kohärer.

Kristalldetektor.

Elektrolytische Zelle.

Thermoelement.

Mikrophon.

Telephon.

Lautsprecher.

Schreibapparat.

Relais.

Geerdete Antenne.

Schwach strahlende Antenne, Schirmantenne.

Starkstrahlende Antenne.

Antenne mit Gegengewicht.

Spulen-(Rahmen-)Antenne.

Gutleitende Erde.

Schlechtleitende Erde.

In sich geschlossene Apparatur.

Niederfrequenzverstärker.

Mittelfrequenzverstärker.

Hochfrequenzverstärker.

Zweifach-Hochfrequenzverstärker.

Dreifach-Hochfrequenzverstärker.

Schwebungszusatzapparat (Überlagerer).

Halbperiodige Schwingung.

T = Schwingungsdauer
A = Wellenlänge.

R = Resonanzpunkt.

J = Strom, magnetische Feldintensität.
V = Spannung, elektrische Feldintensität.

Allgemeines.

Auf das Wesen der drahtlosen Übermittlung von Sprache, Musik und Zeichen näher einzugehen, ist nicht Aufgabe dieses Werkchens. Es existiert hierüber eine gute und für jeden gebildeten Laien mit allgemeinen elektrotechnischen und physikalischen Kenntnissen verständliche, umfangreiche und auch gedrängte Literatur. Ich erwähne nur: ,,Die Welt um Nauen" von Arthur Fürst und als besonders preiswert und doch mit guten Abbildungen, auch von gutem, verständlichen Inhalt: Hanns Günther: ,,Wellentelegraphie, ein radiotechnisches Praktikum", Stuttgart, Verlag Franckh. Das Buch ist besonders geeignet, allgemeine Vorkenntnisse in leichtverständlicher Darbietung dem Leser zu vermitteln. Dem weiter fortgeschrittenen Radioamateur und dem angehenden Ingenieur wird das Buch ,,Der Radio-Amateur" von Dr. Eugen Nesper, erschienen im Verlag von Julius Springer, ein nicht versagender Berater sein.

1. Einführung.

Durch einen Schwingungskreis mit entsprechenden elektrischen Größen, der Selbstinduktion Sv, dem Kondensator Cv und dem Energieerzeuger der hochfrequenten Wechselströme H, wird vermittels eines Drahtgebildes, der Antenne, der diese umgebende Äther angestoßen und in Schwingungen versetzt (Abb. 1). Diese Schwingungen, die sich mit Lichtgeschwindigkeit fortpflanzen (300 000 km/Sek.), können dauernd sein, jedoch auch, z. B. im Rhythmus der Morsezeichen, unterbrochen werden. Durch die Antenne werden also Ätherwellen erregt, deren Schwingungszahl, Frequenz, oder wie man es fachmännisch ausdrückt ,,Wellenlänge", durch die elektrischen Abmessungen gekennzeichnet sind. In der Praxis ist die Einrichtung so getroffen, daß man die elektrischen Größen ,,Selbstinduktion" und ,,Kapazität" durch einfache Hebel- oder Knopfbetätigung bequem ändern kann und somit in der Lage ist, schnell eine gewünschte Wellenlänge zur Ausstrahlung zu bringen.

Da wir Menschen kein Organ haben, welches uns die elektrischen Schwingungen, wie z. B. durch unsere Augen die Lichtwellen, aufzunehmen gestattet, so müssen wir Einrichtungen verwenden, die uns die Erkennung der ausgestrahlten

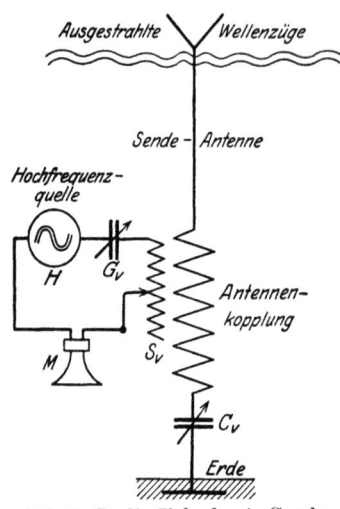

Abb. 1. Radio-Telephonie-Sender.

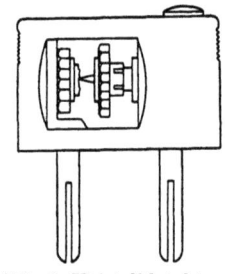

Abb. 2. Kristalldetektor.

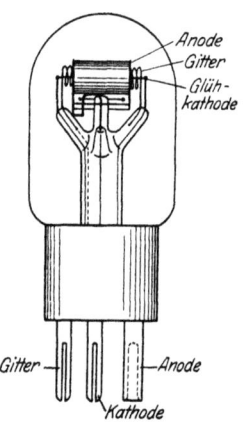

Abb. 3. Kathodenröhre.

Wellen vermitteln. Diese Mittel haben wir in den Detektoren der Empfangseinrichtungen. Man verwendete vor nicht zu langer Zeit ausschließlich Kristalldetektoren. Diese bestehen z. B. aus einem Stückchen Silizium, auf das leicht eine Silber-, Platin-, Gold- oder Graphitspitze aufliegt (Abb. 2). Derartige Detektoren sind verhältnismäßig unempfindlich und verlangen große Empfangsenergien. Erst durch Einführung der Kathodenröhre (Abb. 3) hat man einen großen Fortschritt auf dem gesamten Gebiete der Radiotechnik gemacht. Besonders für die Empfangsanlagen wird in modernen Geräten ausschließlich die Röhre angewendet, die nicht nur ein guter Wellenindikator ist, sondern darüber hinaus noch die ankommende Welle erheblich verstärkt. Allerdings stellt das Arbeiten mit der Röhre eine größere Anforderung an den Bastler und Radioamateur. Darin sollte jedoch gerade der Anreiz liegen, sich die nötigen Kenntnisse anzueignen, denn der Erfolg wird alle Mühen vielfältig lohnen.

Wie die Sendeanlage besteht auch die Empfangsseite aus der Antenne, dem Schwingungskreis, aus Selbstinduktion und Kapazität und (als Anzeigemittel) dem Detektor, zum Nachweis der ankommenden Welle. Ist der Empfänger auf den Erzeuger der Wellen, den Sender, „abgestimmt", oder wie man auch sagt, „in Resonanz", so werden wir in dem Telephon, welches mit Ausnahme einiger Spezialfälle, die uns hier nicht interessieren, zum Abhören verwendet wird, die ankommenden Wellenzüge aufnehmen können.

Die elektrischen Wellen erzeugen in dem abgestimmten, d. h. mit dem sich mit dem Sender in „Resonanz" befindenden Empfänger Ströme, und zwar hochfrequente, der ankommenden Welle entsprechende Wechselströme, die im Detektor gleichgerichtet und in Hörfrequenz umgewandelt werden. Diese pulsierenden Gleichströme haben ungefähr die Frequenz 1000 und erregen somit im Telephon einen Ton, der markant ist und leicht von den Störgeräuschen unterschieden werden kann.

Auf Einzelheiten kann hier aus Zweckmäßigkeitsgründen nicht näher eingegangen werden, es sei jedoch gesagt, daß mit derartigen Anordnungen auch ohne weiteres Musik und Sprache aufgenommen werden können.

2. Empfangsanlagen.

Empfangsanlagen sind je nach den Ansprüchen und je nach dem Zweck in einfachster Weise anzufertigen. Der Detektorempfang steht in bezug auf Einfachheit und Preiswürdigkeit an erster Stelle (Abb. 4).

Doch darf man an derartige Anordnungen keine großen Anforderungen an Reichweite und Lautstärke stellen; wesentlich dabei ist eine gute und große Antenne. Weit Besseres läßt sich mit der Röhre als Detektor, „Audion" genannt, erreichen, doch ist auch hier eine zweckentsprechende Antenne nötig (Abb. 5).

Alle diese Empfangseinrichtungen bedingen eine gute Erdung.

Durch Einführung der Kathodenröhre, die auf dem gesamten Sende- und Empfangs- sowie Verstärkungsgebiet eine vollkommene Umwälzung gebracht hat, ist man in die Lage versetzt worden, von einer Antennenform praktischen Gebrauch zu machen, die bis jetzt nur Laboratoriumswert hatte, nämlich von der Rahmenantenne (Abb. 8).

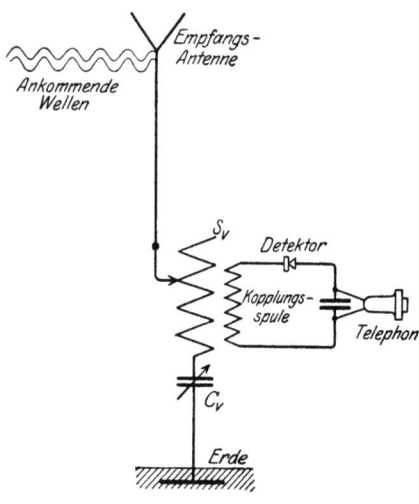

Abb. 4. Kristalldetektor-Empfänger.

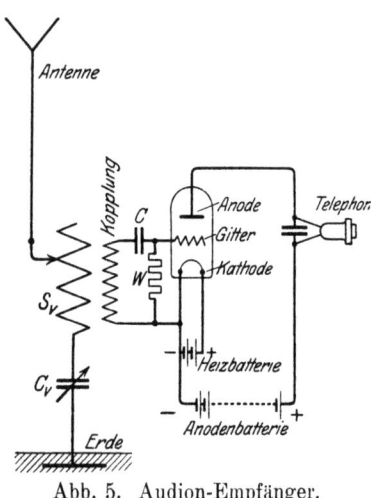

Abb. 5. Audion-Empfänger.

Die Rahmenantenne bedeutet eine große Vereinfachung der Empfangsanordnung und gestattet, auf kleinstem Raume im Zimmer, ohne jede Erdung gute Empfangsresultate zu erzielen. Sie hat gegen die Hochantenne mit Erdung den Vorteil einer fast absoluten Störungsfreiheit durch atmosphärische Entladungen und bietet durch ihre Richtwirkung die Möglichkeit, unerwünschte Sender aus dem Hörbereich zu bringen. Diese Rahmenantenne ist ein ideales Gerät für den Amateur, der mit ihrer Hilfe die mannigfachsten Studien und Experimente machen und sich ein Feld anregendster Versuchstätigkeit erschließen kann. Auch wird die ganze Empfangsanordnung durch den Rahmen transportabel.

Während die Hochantenne durch elektrische Wellen induziert wird, sind es beim Rahmen die elektromagnetischen Wellen, welche diese erregen. Die geringe Aufnahmeenergie des Rahmens macht die Verwendung des Kristalldetektors zur Unmöglichkeit. Die Empfangsenergie liegt schon bei geringer Entfernung vom Sender weit unter der Reizschwelle dieser Detektoren, so daß auch eine nachträgliche Verstärkung beliebigen Grades die Anlage nicht zum Ansprechen bringen kann.

In der Kathodenröhre haben wir nun ein Mittel, welches uns gestattet, auch die geringsten Empfangsenergien aufzunehmen und beliebig zu verstärken, indem man einfach die Anzahl der Röhren vermehrt (Kaskadenschaltung).

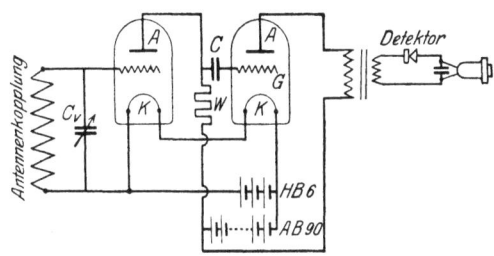

Abb. 5a. Hochfrequenzverstärker mit Kristalldetektor.

Da in diesem Falle die in der Antenne induzierten, also hochfrequenten Wechselströme direkt verstärkt werden, so spricht man hier von einer „Hochfrequenz-Verstärkung". Um diese verstärkten hochfrequenten Wechselströme im Telephon für unser Ohr wahrnehmbar zu machen, muß man diese nach genügender Verstärkung gleichrichten, resp. die Frequenz auf Hörfrequenz bringen. Dies geschieht entweder durch Schaltung der letzten Röhre als „Audion" (Abb. 6) oder mittels eines Kristalldetektors (Abb. 5a).

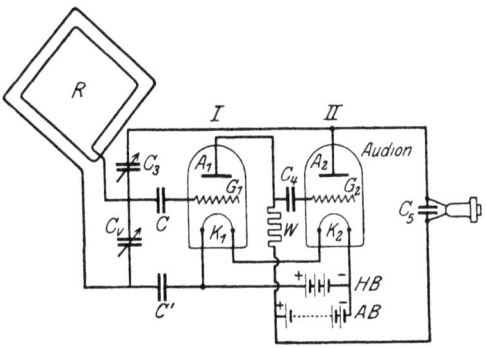

Abb. 6. Hochfrequenzverstärker mit Audion.

Um noch größere Lautstärken oder bei gleicher Lautstärke größere Reichweiten zu erzielen, kann man unter Benutzung eines Zwischentransformators an Stelle des Empfangstelephons einen „Niederfrequenz-Verstärker" anschalten. (Der Verfasser hat mittels Rahmens von 25 cm Kantenlänge und 4 Röhren ohne Niederfrequenz-Verstärkung in Berlin mühelos die Zeichen des Eiffelturms aufgenommen.)

3. Bau von Hochfrequenz-Verstärkern.

Die nachstehenden Geräte sind vom Verfasser gebaut und als brauchbar erprobt worden. Bei Einhaltung der Abmessungen und Verwendung guten Isoliermaterials ist jedem Radioamateur der Erfolg sicher. Ohne Mühe und viel Geduld wird es allerdings nicht abgehen. Um so schöner ist beim Gelingen der Arbeit die Freude am Erfolg. Als Verstärkungsröhren eignen sich gut die sogenannten „Seddig-Röhren", welche leicht anschwingen und nur ca. 60 Volt Anodenspannung benötigen. Der Preis ist ein niedriger, was für den Bastler und Amateur sehr wichtig ist. Überhaupt ist bei den ganzen Anordnungen großer Wert auf möglichst geringe Anlagekosten gelegt, damit nicht aus Mangel an Betriebskapital etwa die Arbeit abgebrochen werden muß. Auch auf die Verwendung einfacher Werkzeuge ist bei den Bauanleitungen großer Wert gelegt, obwohl es bei diesen Arbeiten wohl kaum ohne eine kleine Handbohrmaschine neben Schraubstock, einigen Zangen, Hammer, Feilen und Metallsäge abgehen wird.

Ein jeder wird ja wohl Freunde und Bekannte haben, die im Notfalle mit einem fehlenden Werkzeug oder Teil aushelfen. Nun frisch ans Werk und gutes Gelingen.

I. Der Zweifachhochfrequenz-Verstärker mit Rahmen.

a) Schaltungen.

Die Abb. 6 gibt ein Schaltbild wieder, nach welchem der Empfänger gebaut werden kann. Es ist diese eine von Leithäuser angegebene Schaltung, die auch unabhängig davon im Laboratorium von Heiligtag verwendet wurde. Die Abb. 7 gibt das Schaltbild in vereinfachter Ausführung und mit Drossel als Ableitungswiderstand, wie es bei den nachbeschriebenen Verstärkern Anwendung findet.

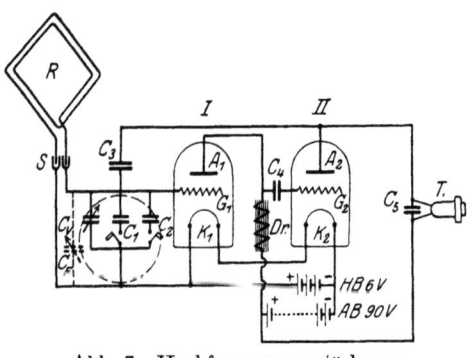

Abb. 7. Hochfrequenzverstärkung.

b) Der Rahmen.

Der Rahmen (Abb. 8) ist quadratisch mit einer Kantenlänge von 1 m. Die Drahtaufgabe, die gleichzeitig am besten die gesamte Selbstinduktion des Empfängers ist, besteht aus 25 Windungen, also ungefähr 100 m eines besponnenen oder emaillierten Drahtes von 0,4—0,5 mm Stärke. Zur Not kann man gewöhn-

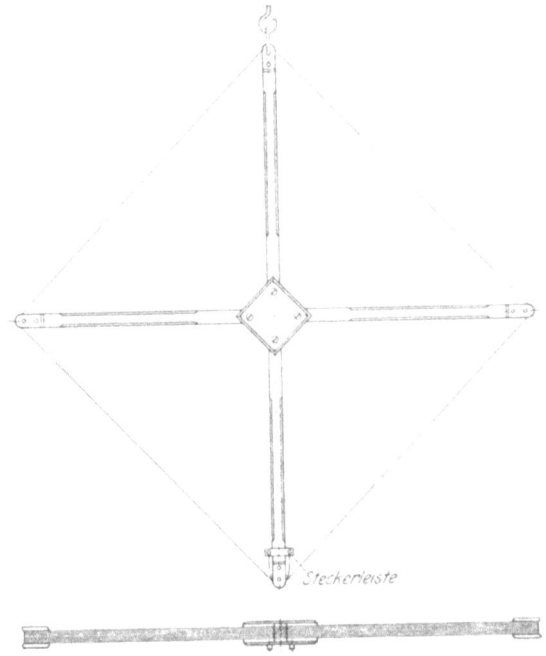

Abb. 8. Rahmen.

lichen Klingelleitungsdraht nehmen, der allerdings gut paraffiniert oder gewachst sein muß. Im Falle man die gesamte Selbstinduktion auf den Rahmen nimmt, was einfach und bequem ist, lege man Windung neben Windung ohne den üblichen Zwischenraum. Irgendwelche Verminderung der Empfangsstärke tritt hierbei nicht oder nur unwesentlich ein. Die vorbeschriebene Anordnung hat eine ungefähre Eigenwelle von 2000 m. Will man kleinere Wellen aufnehmen, so muß man den Rahmen unterteilen und die nicht für den Empfang nötigen Windungen durch einen Schalter kurz schließen.

8   Bau von Hochfrequenz-Verstärkern.

Unter Zugrundelegung einer Drahtstärke mit Isolierung von 1 mm ist die Wickel- und damit lichte Rahmenbreite 1×25 = 25 mm. Aus einem Brett von 15—20 mm Dicke und entsprechender Länge schneiden wir nun zwei Leisten von 25 mm Breite und 1,4 m Länge, gleich der Diagonale des Quadrates von 1 m Kante. Wer mit Hobel und Säge nicht geschickt genug ist, aber auf saubere Ausführung Wert legt und den Kostenpunkt nicht zu sehr zu scheuen braucht, kann sich diese Leisten beim Tischler anfertigen lassen. Die Leisten erhalten gemäß Abb. 9a eine kongruente Aussparung und sind an den Enden abzurunden. Die Leisten werden wie beim Christbaumkreuz zu-

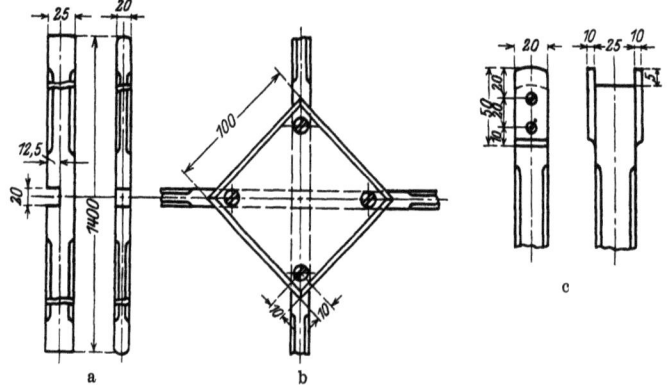

Abb. 9a—c. Einzelheiten zum Empfangsrahmen.

sammengesteckt, so daß die Längskanten eine Ebene bilden. Aus einem Brettchen von etwa 10 mm Stärke schneidet man nun zwei Stücke von 10 cm Kantenlänge nach Abb. 9b.

Die Kanten facettiert man, um die Brettchen etwas gefälliger im Aussehen zu machen. Auch die Längskanten der Leisten kann man so bis etwa 10 cm vom Ende bearbeiten, was dem Ganzen ein sehr gefälliges Aussehen gibt. Aus der Skizze Abb. 9a sind diese Details gut zu entnehmen. Die Brettchen werden nun auf Ecke in Richtung der Leistenmittellinien an jeder Ecke durch eine Schraube mit dem Rahmenkreuz verschraubt. Dies gibt dem Rahmen den notwendigen Halt. An den Enden des Kreuzes sind, um die aufgebrachten Windungen vor dem Herabgleiten zu bewahren, kleine Stützbrettchen von ebenfalls 10 mm Dicke, und wie die Mittelbrettchen gefällig hergerichtet, mittels Holzschrauben anzubringen. Die Stützbrettchen werden so aufgebracht, wie die Skizze Abb. 9 c zeigt, mit 5 mm Übergriff.

Ist das Rahmengestell aus Tannen- oder Kiefernholz gefertigt, so beizt man es nach dem Glätten, wodurch der Rahmen ein gutes Aussehen erhält. Nunmehr bleibt noch das Klemmbrett aus Isolierstoff für die Verbindungsleitungen mit dem Verstärkerbrett. Die Verbindung stellt man des bequemen Arbeitens wegen durch Stecker und biegsame Litze, die nicht verdreht sein soll, her.

Von einem passenden Stück Hartgummi, Pertinax oder dergleichen von ca. 10 mm Stärke schneidet man mit der Säge einen

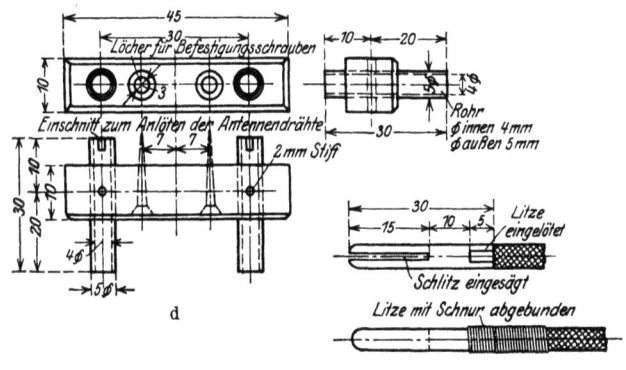

Abb. 9 d—e. Einzelheiten zum Empfangsrahmen.

Streifen von 10 mm Breite und 45 mm Länge. Die Abmessungen sind aus der Abb. 9 d zu entnehmen.

Mit zwei entsprechenden Holzschrauben ist die Leiste am Rahmenkreuz angeschraubt. Die Steckerbuchsen sind Messingrohrstücke, welche in die Bohrungen der Leisten eingeschlagen und mit einem Stift von etwa 2 mm Durchmesser befestigt sind. Aus 4 mm Rundmessing werden die Stecker nach Skizze angefertigt. Die entsprechenden Schlitze werden mit der Laubsäge eingeschnitten (Abb. 9 e).

Die Länge der einzulötenden Litze richtet sich nach der Aufstellung der Apparatur und muß nach den jeweiligen Verhältnissen gewählt werden. Am zweckmäßigsten wird der Rahmen hochkant an einem Haken an der Zimmerdecke aufgehängt. Auf diese Weise wird die aus der Richtwirkung des Rahmenempfängers resultierende Drehbarkeit am besten und einfachsten erreicht. Die Art der Befestigung ist aus Abb. 8 zu entnehmen und bedarf keiner weiteren Erklärung.

Ein wesentlicher Teil ist der **Abstimmkondensator**, mit dessen Hilfe man den Empfänger auf die zu empfangende Welle einstellen kann. Hierzu werden normalerweise Drehkondensatoren mit Luft als Dielektrikum verwendet. Die Anfertigung derartiger Kondensatoren setzt gute Werkstatteinrichtungen und Werkzeuge voraus, die dem Amateur und Bastler für gewöhnlich nicht zur Verfügung stehen. Es sei deshalb hier davon abgesehen, eine Bauanleitung zu bringen. Im übrigen findet ein guter Drehkondensator von 1000—2000 cm Kapazität in der Radiotechnik

Abb. 10. Drehglimmerkondensator.

vielseitig, z. B. als Wellenmeßkondensator, Verwendung, so daß auch bei bescheidenen Ansprüchen der Amateur sich einen solchen früher oder später wird zulegen müssen. Es wird noch besonders geraten, nur ein gutes Fabrikat, das „eichfähig" ist, zu wählen. Der etwas höhere Preis wird reichlich durch die Freude am Arbeiten mit einem guten Gerät aufgewogen und verbürgt exakte Resultate, die sich auch der Amateur zur Pflicht machen muß.

Mit dem vorher beschriebenen Rahmen und einem Drehkondensator von 3600 cm ist kontinuierlich ein Wellenbereich von ca. 2000—6000 m bestrichen. Steht ein Drehkondensator von nur 1200 cm zur Verfügung, so vergrößert man dessen Bereich durch Parallelschalten von Block- oder Festkondensatoren, die man mittels eines Kurbelschalters beliebig zu- und abschalten kann. Um z. B. den oben angeführten Wellenbereich kontinuier-

Der Zweifachhochfrequenz-Verstärker mit Rahmen. 11

lich bestreichen zu können, trifft man bei einem vorhandenen Drehkondensator von 1200 cm die Einrichtung so, daß man zwei Blockkondensatoren nacheinander zuschalten kann.

Diese Anordnung hat dann 1200 cm + 1200 cm + 1200 cm = 3600 cm Kapazität und entspricht, wenn man auf die größere Bequemlichkeit verzichtet, vollkommen einem Drehkondensator von 3600 cm, dessen Anschaffungspreis ein sehr hoher ist.

c) Der Hochfrequenz-Verstärker.

Gearbeitet wird nach der vereinfachten Schaltung Abb. 7. Von den Rahmenanschlußstellen S wird einmal eine Leitung zum Gitter $G\,1$ der Röhre I gezogen, die zweite Verbindung wird nach dem Kontakt des Heizdrahtes $K\,1$ der Röhre I und von da nach dem Pluspol der 6 voltigen Heizbatterie geführt. Der Minuspol der Heizbatterie und der Minuspol der ca. 90 voltigen Anodenbatterie werden vereinigt und mit einem Kontakt $K\,2$ der Röhre II verbunden. Nun verbindet man die beiden noch freien Kontakte von Röhre I und $II - K\,1$ und $K\,2$. In diesem Falle sind die Röhren in Serie geschaltet, und die Anordnung verbraucht den Strom in Ampere, den eine Röhre benötigt. Es ist hier eine Sparschaltung angewendet. Wenn auch hierbei die Präzision einer Parallelschaltung der Röhren unter Vorschaltung eines entsprechenden Regulierwiderstandes vor jede Röhre nicht erreicht wird, so genügt die vorbeschriebene Anordnung durchaus normalen Bedürfnissen. Die Sparschaltung bedingt allerdings Röhren, welche zusammen den Betrag der Heizbatterie in Volt benötigen. Man kann bei 6 Volt Heizspannung Telefunken- und Seddig-Röhren wie angeführt schalten, und hat Verfasser gute Resultate bei sparsamsten Stromverbrauch erreicht.

Zwischen die Verbindung Rahmenanschluß S—Gitter und Rahmenanschluß S—Kathode $K\,1$ wird der Abstimmkondensator von 3600 cm Cv, am bequemsten ein Luftdrehkondensator, oder als Ersatz die Einrichtung nach Abb. 10 $Cv + C\,1 + C\,2$ parallel zum Rahmen geschaltet. In Abb. 7 ist diese Anordnung mit einem gestrichelten Kreis gekennzeichnet. Durch Parallelschalten von Kapazität zum Rahmen wird die Wellenlänge, die vom Empfänger aufgenommen wird, um den entsprechenden Betrag vergrößert; bei Verringerung der Kapazität verkleinert. Man tut gut, sich die Wellenlänge durch Vergleich mit dem Wellenmesser oder durch den Vergleich mit bekannten Stationen an der Skala des Drehkondensators zu notieren. Wir sind dann bequem in der Lage, den Empfänger zur Aufnahme einer bestimmten Welle einzustellen. Bei Empfang von Musik oder Sprache kommt ein Feinkondensator von etwa 50—100 cm sehr zu statten. (In Abb. 11 gestrichelt eingetragen.)

Nun wieder zu unserem Schaltungsschema. Von der Anode $A\,1$ der Röhre I wird ein Draht nach der Drossel Dr geführt, hier abgezweigt und über einen Blockkondensator $C\,4$ von 350 cm nach dem Gitter $G\,2$ der Röhre II geführt. Das andere Ende der Drossel Dr wird mit dem Pluspol der Anodenbatterie AB verbunden. Die Drossel arbeitet als Ableitungswiderstand, der Kondensator $C\,4$ läßt wohl den hochfrequenten Wechselstrom passieren, er hält jedoch den Gleichstrom zurück, sperrt ihn.

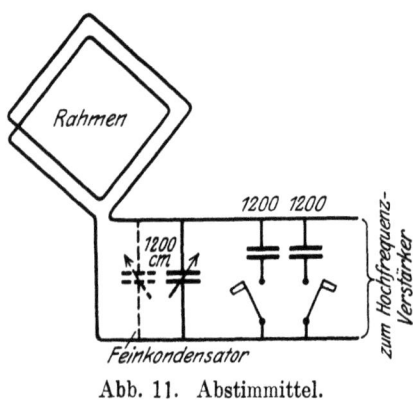

Abb. 11. Abstimmittel.

Nun verbindet man die Anode 2 der Röhre II über den Kondensator $C\,3$ mit dem Gitter $G\,1$ der Röhre I. Dieser Kondensator, der möglichst aus einem Drehkondensator bestehen sollte, hat ungefähr 150 cm. Die Anordnung stellt eine kapazitive Rückkopplung dar und ermöglicht uns, sowohl gedämpfte als ungedämpfte Sender aufzunehmen. Weiter verbindet man die Anode 2 der Röhre II mit der einen Steckerbuchse für das Telephon. Die andere Telephonbuchse wird mit dem Pluspol der Anodenbatterie verbunden. Zwischen die Steckerbuchsen für das Telephon T wird als Telephonkondensator $C\,5$ ein Blockkondensator von ca. 2000 cm geschaltet.

Die Röhre I verstärkt die ankommenden hochfrequenten Schwingungen, die Röhre II verstärkt die verstärkten Schwingungen der Röhre I nochmals, richtet den Wechselstrom gleich und macht ihn im Telephon hörbar. Durch die Rückkopplung mittels des Kondensators $C\,3$ wird eine weitere Verstärkung er-

Der Zweifachhochfrequenz-Verstärker mit Rahmen.

reicht und als Wesentlichstes wird die Einrichtung zum Empfang ungedämpfter Schwingungen fähig.

Das Verstärkerbrett. Abb. 12 zeigt das vollkommen montierte Brett mit allen zugehörigen Teilen; die Röhren sind herausge-

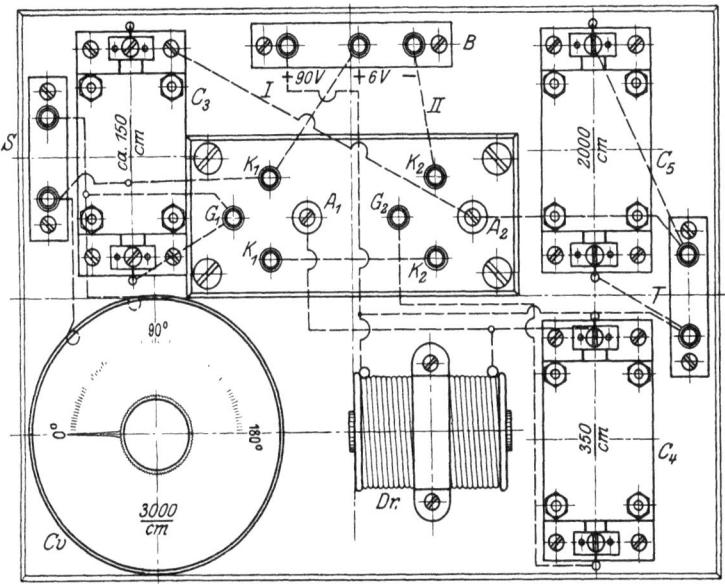

Abb. 12. Gesamtansicht des Hochfrequenzverstärkers.

nommen, *I* und *II* ist der gemeinsame Sockel zum Einsetzen der Verstärkerröhre. Es können solche Sockel auch einzeln käuflich erworben und verwendet werden (Abb. 13).

Für den Bastler, der geeignete Werkzeuge besitzt, ist nachfolgend der Aufbau des in der Abbildung verwendeten gemeinsamen Sockels für beide Röhren mit allen Maßen zum Selbstanfertigen angegeben. Dasselbe gilt für die Steckerbuchsen *S*, *B* und *T*. *S* sind die Buchsen für den Antennenanschluß, *B* die Buchsen für den Batterieanschluß, für den auch der Gegenstecker mitbeschrieben ist, und *T* sind die Buchsen für das Telephon. Die Blockkondensatoren kann man sich bei geeigneten Werkzeugen auch gut selbst anfertigen, doch erfordert diese Arbeit schon eine etwas geübte Hand. Der Vollständigkeit halber wird auch hierfür eine

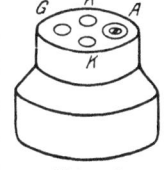

Abb. 13. Röhrensockel.

14 Bau von Hochfrequenz-Verstärkern.

Bauanleitung gegeben. Die Drossel Dr ist leicht anzufertigen, sie besteht aus emailliertem Kupferdraht von 0,1 mm Durchmesser und wird nach Bedarf mit Eisen versehen. Der Ohmsche Widerstand beträgt etwa 1000 Ω.

Das Grundbrett. Von einem Brett aus Kiefer, Eiche, Erle oder dergleichen von etwa 15 mm Stärke schneiden wir ein Stück von etwa 200 × 150 mm aus. Die Oberfläche wird glatt gehobelt und mit Glaspapier gut abgeschliffen. Um dem Ganzen ein schönes Aussehen zu verleihen, worauf man immer Wert legen und die kleine Mehrarbeit und Mühe nicht scheuen soll, werden die Kanten schön sauber gebrochen. Auch ist besonders darauf zu achten, daß diese rechtwinklig verlaufen. Man kann das Brett abölen und etwas mit Politur übergehen oder erst beizen und dann polieren. Alles das richtet sich nach dem persönlichen Geschmack des einzelnen. Ein befreundeter Tischler wird das Richtige raten. Das Brett bekommt Füßchen, die gut aus Isolatoren bestehen können, um für die Leitungen und Durchführungen bequem Luft zu haben. (Abb. 14b.)

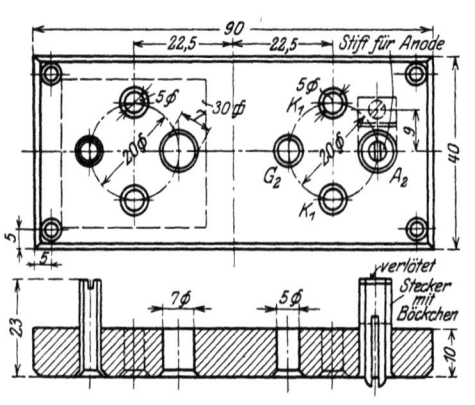

Abb. 14a. Gemeinsamer Röhrensockel.

Der Röhrensockel und die Steckerbuchsenleisten. Man beschafft sich ein größeres Stück Hartgummi, Pertinax oder ein anderes für Hochfrequenz geeignetes Isoliermaterial von 10 mm Stärke, aus welchem auch die weiteren Steckerbuchshalter gefertigt werden. Vulkanfiber ist für diesen Zweck ungeeignet. Das Material muß gesägt und gebohrt werden können und dabei doch so fest sein, daß die Messingbuchsen, die stramm eingeschlagen werden müssen, sich nicht lockern. Hartgummi ist nicht so gut geeignet wie Pertinax. Wir richten uns ein Stück von 90 × 40 mm her und achten darauf, daß das Stück schön winklig wird und brechen auch hier mit der Feile die obere

Der Zweifachhochfrequenz-Verstärker mit Rahmen. 15

Kante. Nach Abb. 14a reißen wir nun die Löcher für die Bohrungen an und bohren diese mit den angegebenen Größen. Auf dem oberen Teil der Platte, an welchem wir auch die Kante gebrochen haben, werden die Löcher mittels eines Senkers leicht ausgesenkt, wie es in der Skizze deutlich zu ersehen ist. Die zugehörigen Messingbuchsen, die nach der Abb. 14c aus Messingrohr angefertigt sind, werden von unten her so eingeschlagen, daß die Oberkanten von Platte und Rohr abschneiden. Wir legen jetzt das unten herausragende Rohrstück auf einen Amboß oder eine Eisenplatte und setzen von oben einen entsprechenden Körner auf. (Abb. 14c$_1$.) Mit einigen Hammerschlägen legen wir auf diese Weise das Rohr-

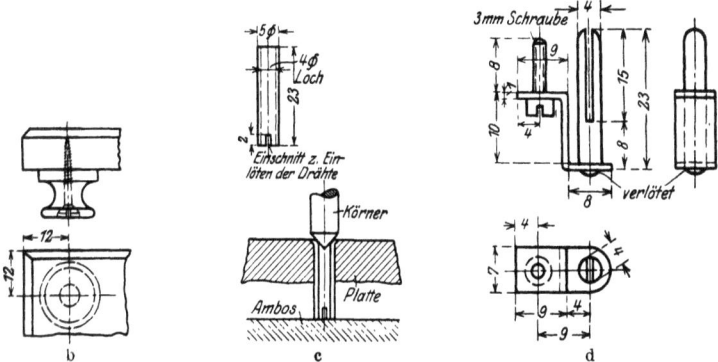

Abb. 14b—d. Drehknopf, Stecker und Einzelteile.

ende in die Versenkung, wodurch die Messingbuchse einen guten Halt bekommt. Der in Abb. 14c angedeutete, mit der Säge herzustellende Einschnitt von etwa 2 mm Tiefe dient zum bequemen Einlöten der Drahtverbindungen. Des sicheren Kontakts halber sind sämtliche, nicht lösbare Verbindungen durch Lötung herzustellen. Jetzt ist noch der Gegenstecker für die Buchse im Röhrenfuß, an die die Anode angeschlossen ist, zu fertigen. Abb. 14a und 14d geben die zum Verständnis und für die Anfertigung nötigen Skizzen. Aus etwa 1 mm starkem Messingblech schneidet man einen Streifen von 7 mm Breite und ca. 29 mm Länge. Diesen Streifen biegt man nach Abb. 14d unter Berücksichtigung der angegebenen Maße. Mittels der 3-mm-Kopfschraube wird das so entstandene Böckchen entsprechend Abb. 14a auf die Sockelplatte von unten angeschraubt. In das andere, abgebogene Teil des Böckchens wird ein 4-mm-Loch gebohrt und in dieses der aus einem 4 mm Durchmesser starken Messingdraht bestehende, durch Einsägen geschlitzte Stecker schön winklig eingelötet.

Um den Stecker mit Böckchen genau passend auf das Sockelbrett zu bekommen, verfährt man folgendermaßen. Man setzt die Verstärkerröhre, nachdem die Buchsen $G\,2$, $K\,1$, $K\,1$ gut und zuverlässig einmontiert sind und das 4. Loch von 7 mm gebohrt ist, in das Röhrenbrett ein. Hat man gut gearbeitet, so sitzt nun die Buchse des Röhrenfußes genau in der Mitte der Bohrung von 7 mm Durchmesser. Ist die Röhre eingesetzt, dann stecken wir von unten den gefertigten Stecker mit Böckchen in die Buchse der Röhre hinein, bis das Böckchen auf dem Sockelbrett aufliegt. Jetzt geben wir dem Böckchen die Lage, die sich aus Abb. 14a ergibt und können nun das Loch für das Gewinde der Befestigungsschraube von 3 mm anreißen. Vorher haben wir in das Böckchen das entsprechende Durchgangsloch für diese Schraube gebohrt. Man kann jede Gewindeart, die ungefähr die angeführte Gewindestärke hat, verwenden. Ein viel benutztes Gewinde für diese Zwecke ist das Löwenherz-Gewinde.

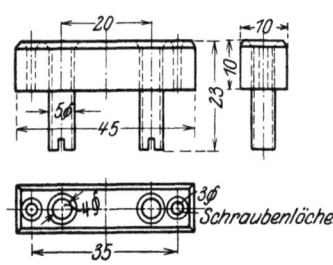

Abb. 15a. Telephonstecker.

Um den Röhrensockel auf das Grundbrett aufzuschrauben, müssen wir Platz für die überstehenden Buchsen schaffen und aus dem Grundbrett entsprechende Stücke herausschneiden. In Abb. 14a ist einer dieser Ausschnitte durch ein schraffiertes Quadrat von 30 mm Kantenlänge angedeutet. Als Befestigungsschrauben nehmen wir etwa 3 mm starke, mit Flachkopf versehene Holzschrauben von entsprechender Länge. Die Löcher hierfür werden 5 mm von der Kante nach Abb. 14a gebohrt und die Schrauben versenkt. Aus dem gleichen Materialstück, aus welchem das Sockelbrett gefertigt wurde, werden die Buchsenleisten S für den Anschluß der Antennenverbindung, B für den Batterieanschluß und T für das Telephon hergestellt.

Die Steckerleiste S entspricht in allen ihren Abmessungen der Leiste T für das Telephon. Der Abstand der Buchsenmitten ist gleich dem Abstand normaler Telephonanschlußstecker mit

20 mm gewählt. Im übrigen ist beim Einbau der Buchsen dasselbe zu berücksichtigen, was unter der Fertigung des Sockels bereits gesagt wurde. Sämtliche Maße sind aus der Abb. 15a zu entnehmen.

Die Verbindung mit den Batterien wird durch einen unverwechselbaren Dreifachstecker mit gemeinsamem Minus-Pol bewirkt. Die Herstellung der Buchsenleiste erfolgt wie oben nach Abb. 15b. Der dazugehörige Dreifachstecker wird nach Abb. 15c ausgeführt.

Durch den Stecker ist ein falscher Anschluß der Heiz- und Anodenspannung ausgeschlossen, was sonst ein Durchbrennen von mindestens

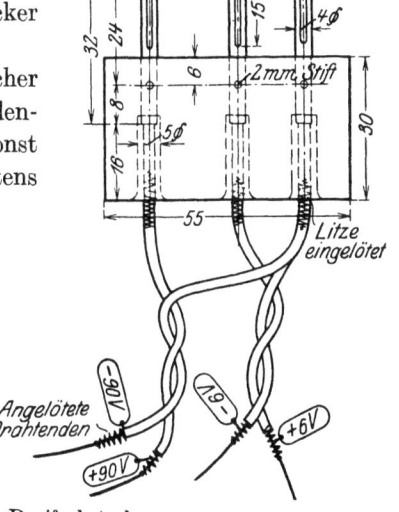

Abb. 15b u. c. Dreifachstecker.

einer Röhre bei der ausgeführten Sparschaltung zur Folge haben würde. Es ist jedoch dringend darauf zu achten, daß die Litzenenden mit der richtigen Batterie verbunden werden. Um sich vor Schaden zu bewahren, bezeichnet man nicht nur die Anschlußenden mit + und —, sondern man bringt an jedem Ende ein Schildchen mit der entsprechenden Spannungsbezeichnung an, damit man in der Eile nicht zu suchen braucht und Fehler macht. Die Schildchen werden folgendermaßen beschriftet: + 90 Volt, + 6 Volt, — 90 Volt, — 6 Volt. Da die Röhren teuer sind, ist diese Vorsicht sehr am Platze. In die Heizleitung kann man außerdem noch einen kleinen, veränderbaren Widerstand einfügen, der die Röhrenspannung zu regulieren gestattet, wodurch die Röhren recht geschont werden können.

Die Buchsenleisten werden wie der Röhrensockel durch dünne Holzschrauben mit Flachkopf auf das Grundbrett aufgeschraubt. An den entsprechenden Stellen sind zwecks Durchführung der Buchsen durch das Grundbrett Löcher von etwa 6 mm Durchmesser zu bohren.

Die Kondensatoren. Von dem Abstimmkondensator Cv gilt das unter „Der Rahmen" Gesagte.

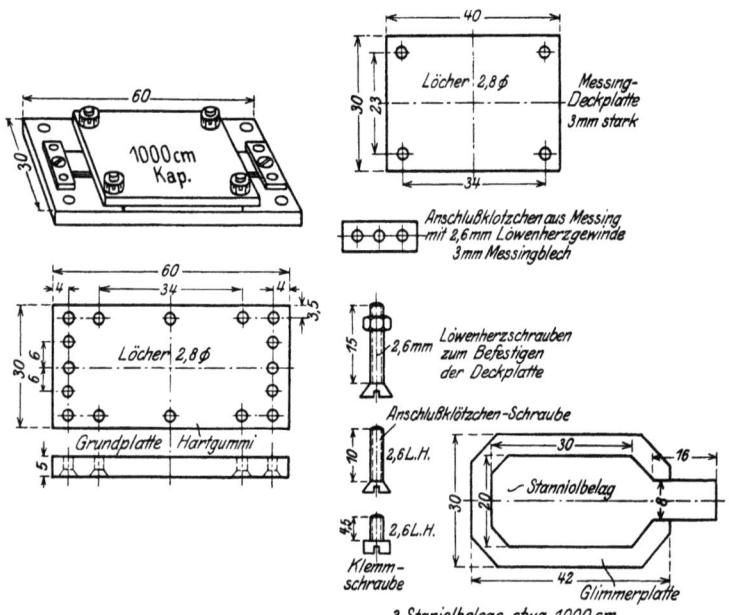

Abb. 16. Aufbau eines Blockkondensators.

Alle übrigen Kondensatoren sind Fest- oder Blockkondensatoren. Der Rückkopplungskondensator ist hier auch als Festkondensator angedeutet, es empfiehlt sich jedoch, hierfür einen Drehkondensator von etwa 400 cm zu verwenden, da man dann in der Lage ist, sich für jede Welle die günstigste Rückkopplung einzustellen. Verwendet man den sehr viel billigeren Blockkondensator, so muß man die günstigste Mittelgröße für den gewünschten Wellenbereich empirisch bestimmen, d. h. die nötige Kapazität in „cm" durch den Versuch herausfühlen. Als Dielektrikum darf nur bester dünner Glimmer verwendet werden.

Unsauber oder schlecht hergestellte Blockkondensatoren können den ganzen Empfänger unbrauchbar machen. Wer also nicht über das geeignete Material und die nötigen Hilfsmittel und Werkzeuge verfügt, kauft sich am besten die Blockkondensatoren, die es in allen gangbaren Größen preiswert gibt. Das Selbstanfertigen kommt hier durchaus nicht billiger, wenn man sich Material, Schrauben und Glimmer erst kaufen muß. Abb. 16 zeigt einen normalen Blockkondensator mit seinen Einzelteilen und allen Maßen. Die Grundplatte besteht auch hier aus Hartgummi oder Pertinax von ca. 5 mm Stärke. Deckplatte und Schrauben sind aus Messing.

Der Zusammenbau wird wie folgt vorgenommen. In die Grundplatte werden von unten die versenkten Schrauben von 15 mm Länge zum Aufschrauben der Deckplatte eingeführt und die Platte, Schraubenköpfe nach unten auf den Tisch gelegt. Zuerst legt man nun auf die Grundplatte zwischen die Schrauben ein Glimmerplättchen, darauf ein Stanniolblättchen, Fahne links, hierauf Glimmer, dann Stanniol, Fahne rechts, und so fort, bis man genügend Kapazität hat. Zu oberst legen wir wieder ein Glimmerplättchen, setzen dann die Deckplatte auf und schrauben das Ganze mittels der Sechskantmuttern gut zusammen. Die Ableitung der Stanniolbeläge werden unter die Anschlußklötzchen rechts und links gelegt und aufgeschraubt. Drei Stanniolbeläge in dieser Art aufgebaut, ergeben bei der angegebenen Größe etwa 1000 cm. Ist der Kondensator fertig zusammengebaut, so prüfen wir ihn mittels eines empfindlichen Galvanometers und wenigen Volt auf Kurzschluß und darauf mittels etwa 100 Volt auf gute Isolierung. Die Galvanometernadel darf beim Einschalten nur kurz ausschlagen (Aufladung des Kondensators), um dann fast in die Nulllage zurückzukehren. Sind diese Bedingungen erfüllt, dann kann der Kondensator als brauchbar gelten.

Der Ableitungswiderstand oder die Drossel. Es verbleibt jetzt noch der Ableitungswiderstand „Dr". Man kann diesen Widerstand auch durch einen Silitwiderstand etwa von der Größenordnung 1×10^6 bis 3×10^6 ersetzen. Jedoch hat Verfasser mit der hier verwendeten Drossel besseres erreicht.

Benutzt man Silitstäbe, so verwendet man für deren Einschaltung am besten einen Porzellansockel, wie solche für die bekannten Eisenwasserstoff-Widerstände benötigt werden. Abb. 17

gibt die Anordnung im Bild. In diesem Falle bekommt der Silitstab aus Messingstreifen gefertigte messerartige Schneiden. Oder es wird ein Stückchen Pertinax geschnitten, welches als Unterlage mit zwei Holzschrauben an das Grundbrett festgeschraubt wird. Auf dieses Stückchen Pertinax wird nach Umwicklung der Enden des Silitstabes mit einem Streifchen Stanniol mittels zweier kleiner Schellen aus Messingblech durch zwei Gewindeschrauben 3 mm der Silitstab befestigt (Abb. 18).

Der Bau der Drossel ist etwas schwieriger und bedarf größter Aufmerksamkeit. Bei Verwendung von mit Seide umsponnenem Draht ist darauf zu achten, daß beim Aufwickeln der Draht nicht im Kupfer reißt. Der Seidenfaden täuscht dann, falls er nicht auch durchreißt, einen intakten Draht vor. Es ist deshalb geraten, von Zeit zu Zeit beim Aufwickeln mit einem empfindlichen Galvanometer nachzuprüfen, ob der Draht-

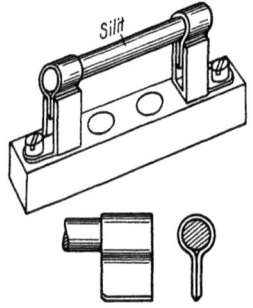

Abb. 17. Silitwiderstand.

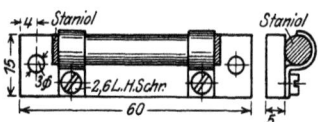

Abb. 18. Silitwiderstand.

nicht unterbrochen ist. Bei Verwendung von emaillierten Drähten ist diese Gefahr nicht so groß, da dieser sofort in zwei getrennte Teile reißt. Es kann jedoch auch hier vorkommen, daß nachträglich durch ungünstige Lage oder ungünstigen Druck der nachfolgenden Wicklung das an die Ableitungslitze gelötete Innenende der Wicklung abbricht. Deshalb empfiehlt sich auch hierbei von Zeit zu Zeit Nachprüfung mittels des Galvanometers.

Aus einer Garnrolle mittlerer Größe stellen wir uns den Spulenkörper her (Abb. 19a). Die kleine Bohrung inmitten der Rolle vergrößern wir auf etwa 11 mm Durchmesser, um im Bedarfsfalle die nötigen Eisendrähte unterbringen zu können. Steht uns eine Drehbank zur Verfügung, dann nehmen wir die Schrägen der Garnrolle innen mit deren Hilfe weg (Abb. 19b). Haben wir keine Möglichkeit, dies auf einer Drehbank zu tun, so müssen wir es von Hand mit der Feile so gut als möglich machen. Ist diese Arbeit getan, so muß die Spule mit Schellack gut lackiert werden. Oder sie wird so lange in flüssiges Paraffin getaucht, bis keine Luftbläschen mehr hochsteigen. Von der durchaus einwandfreien Isolierung der Drossel hängt deren Wirkung ab. Hierauf ist also peinlichste Aufmerksamkeit, auch beim Aufbringen der Drahtwindungen, zu legen. Für die Wicklung wird ein Draht von 0,1 mm Durchmesser verwandt. Von diesem Draht wird in möglichst gleichmäßigen Windungen so viel auf die Spule gebracht, als darauf geht. Dann ist der Ohmsche Widerstand der gesamten Rolle etwa 1000 Ω.

Den Ableitungen der Spule ist besondere Sorgfalt zuzuwenden, damit nicht etwa der dünne Draht, wenn wir die Drossel glücklich

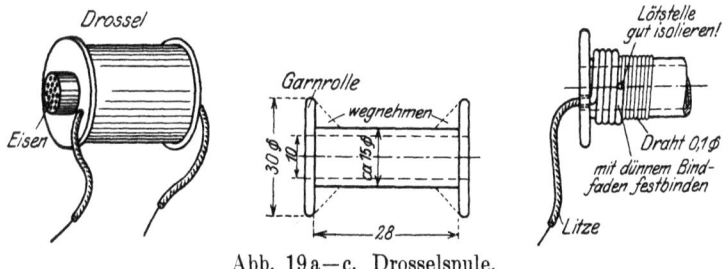

Abb. 19a—c. Drosselspule.

fertig haben, noch nachher abreißt. Beim Bruch des inneren Drahtendes bedeutet dies die Wiederholung der viel Geduld und Aufmerksamkeit erfordernden Arbeit. Die Ableitungen werden aus Litzendraht hergestellt, wie solcher für bewegliche Klingelkontakte Verwendung findet (Abb. 19c). Die Abb. 19c zeigt deutlich die Einzelheiten. Für die Anschlußlitze des Innenendes bohrt man knapp am Spulengrund durch den Flansch ein Loch von Litzenstärke. Ein etwa 20 cm langes Stück führt man 10 cm ein und wickelt das Ende stramm auf. 1 cm hat man die Bespinnung entfernt, kurz am Ende knotet man dünnen Bindfaden oder starkes Garn an und bindet die Litze fest auf den Spulenkörper. Zur Sicherheit übergeht man das aufgewickelte Litzenende noch mit heißem Paraffin oder bestreicht es mit Lack, der für Isolierzwecke (Schellack in Spiritus) geeignet sein und gut abtrocknen muß, damit alles unveränderbar festsitzt und sich nichts verrücken kann. Nun lötet man den dünnen 0,1 mm starken Draht vorsichtig an das blanke Litzenende an. Die Lötstelle muß vollständig säurefrei hergestellt sein (mit Kolophonium löten), da sonst der dünne Kupferdraht nach einiger Zeit durchgefressen wird. Man isoliert die Lötstelle mit Öl- oder Paraffinpapier und gibt gut acht, daß hierbei der dünne Draht nicht abreißt; jetzt beginnt man vorsichtig unter öfterer Kontrolle durch die eingangs beschriebene Galvanometerprüfung mit dem Aufbringen der Wicklung.

Ist die Rolle bewickelt, so versieht man das Ende ebenso wie innen mit einem Stück Litze für den Anschluß. Nun legen wir um die Spule einen die ganze Breite bedeckenden Paraffin- oder Ölpapierstreifen und bringen noch eine Lage möglichst starken, schwarzen Garnes auf. Dies hat den Zweck, die Drossel vor Verletzungen zu schützen und ferner ihr ein schönes, sauberes Äußere zu geben. Zuletzt wird die ganze Drosselspule lackiert.

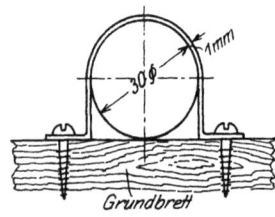

Abb. 19 d. Befestigungsbügel.

Die Drossel befestigen wir unter Benutzung eines Messingbügels am Grundbrett. Er wird aus Messingblech von ca. 1 mm Dicke und 8 mm Breite gefertigt. Wir richten diesen Streifen wie in Abb. 19 d skizziert und schrauben mit Hilfe des Bügels und zweier kleiner Holzschrauben die Drossel auf das Grundbrett.

Nunmehr hätten wir alle Zubehörteile des Verstärkerbrettes hergestellt, und wir montieren nun alles schön sauber und stellen alle Verbindungen wie vorbeschrieben her. In Abb. 12, welche eine Ansicht des fertig montierten Verstärkers gibt, ist mit Absicht davon Abstand genommen, für das Aufbringen der einzelnen Teile genaue Einbaumaße zu geben. Einesteils deshalb, damit man die Teile so aufbringen kann, wie solche schon vorhanden, anderenteils um die beschriebenen Einzelteile nach eigenem Ermessen installieren zu können. Die Abbildung soll nur einen Anhalt geben und als Anleitung dienen.

II. Der Dreifachhochfrequenz-Verstärker für Broadcasting.

Dieser Verstärker unterscheidet sich von dem oben eingehend erläuterten und beschriebenen Zweifachhochfrequenz-Verstärker nur durch das Hinzukommen einer dritten Verstärkerröhre mit deren Zusatzgeräten.

Der Dreifachhochfrequenz-Verstärker für Broadcasting.

Der Rahmen ist in kleinerer Abmessung gehalten, und gibt die Empfangsanordnung für die Aufnahme des Broadcasting bis etwa 25 km im Umkreis des Senders genügende Lautstärke. Diese kann durch Zusatz eines Niederfrequenz-Verstärkers noch erheblich, sogar bis zum Lautsprechen erhöht werden. Bei Anschluß des Niederfrequenz-Verstärkers ist zu beachten, daß der Hochfrequenz-Verstärker einen Ausgangstransformator etwa 6 : 1 erhalten muß. Für größere Ansprüche und Entfernungen ist ein Fünffachhochfrequenz-Verstärker, dessen Schaltung weiter unten gebracht wird, vonnöten.

Die Abb. 20 zeigt das Schaltbild, welches der Konstruktion des Dreifachverstärkers zugrunde gelegt und wohl ohne besondere

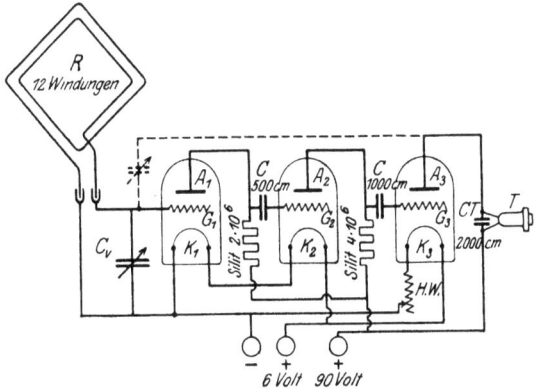

Abb. 20. Dreifachhochfrequenz-Verstärker.

Ausführungen verständlich ist. Auch diese Schaltung ist an die Leithäusser-Schaltung (Abb. 6) angelehnt. Die elektrischen Größen sind in das Schaltbild eingetragen und so herzustellen und einzubauen.

Unter Beachtung des in Abb. 8 und 9 Gegebenen wird der Rahmen gefertigt. Die Kantenlänge ist hier 35 cm, die Diagonale, also die Länge der Leisten (Abb. 9a), ca. 50 cm. Die Rahmenbewicklung besteht aus 12 Windungen eines Drahtes von etwa 0,5 mm Stärke, welche bei gleicher Leistenbreite wie dort mit den sich ergebenden Zwischenräumen aufgebracht wird. Benötigt werden etwa 17 m Draht. Die Verbindung mit dem Empfängerbrett erfolgt durch Litze mit Steckern.

Das Röhrenbrett erfährt eine dem Hinzukommen der dritten Röhre entsprechende Verlängerung von 45 mm gegenüber dem in Abb. 14a beschriebenen, ebenso das Grundbrett. Beim Aufbau muß darauf Rücksicht genommen werden, daß ein Vorschaltwiderstand für die dritte Röhre sowie ein weiterer Gitterkondensator und ein Silitstab hinzukommen. Die kapazitive Rückkopplung $C3$ kann wegfallen oder muß, falls größere Lautstärke erreicht werden soll, sorgfältig ausgeprobt werden.

Um den Broadcasting-Wellenbereich von 250—700 m bestreichen zu können, ist ein Drehkondensator von 1000 cm erforderlich.

Alles für den Bau Notwendige ist aus der eingehenden Beschreibung des Zweifachhochfrequenz-Verstärkers zu entnehmen.

III. Der Fünffachhochfrequenz-Verstärker.

Genügt die Empfangslautstärke des Dreifachhochfrequenz-Verstärkers nicht, oder will man auch auf mittlere Entfernungen

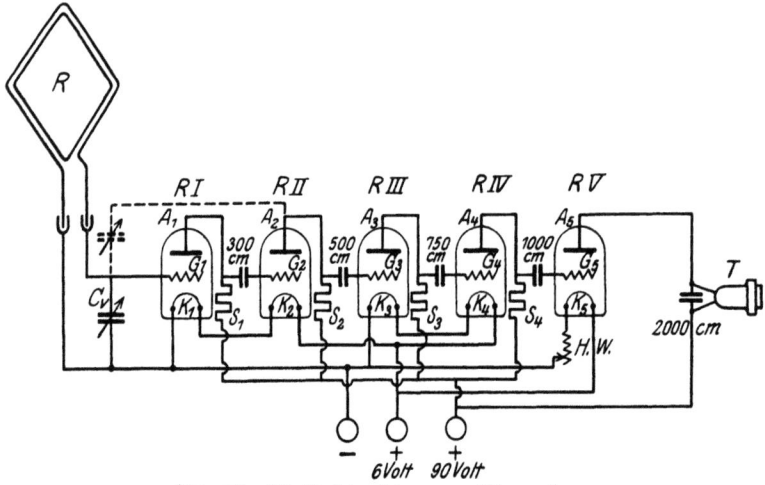

Abb. 21. Fünffachhochfrequenz-Verstärker.

große Lautstärken erzielen, so ist ein Fünffachhochfrequenz-Verstärker zu verwenden.

Die fünf Röhren werden mit gutem Erfolg nach dem Schaltbild Abb. 21, welches die notwendigen Größen eingetragen zeigt, je zwei in Sparschaltung, in Serie und die letzte, als Audion verwendete, mit Vorschaltwiderstand installiert.

Es ist beim Gebrauch von zwei Röhren und mehr durchaus nicht gleich, in welcher Reihenfolge diese in den Empfänger eingesetzt sind. Da die Röhren in der Fabrikation nie absolut gleich ausfallen, so gibt es eine bestimmte Reihenfolge der einzelnen Röhren, bei welcher der Empfang besonders rein und klar ist. Diese Folge muß durch Versuche festgestellt werden, und es ist zu raten, sie genau zu kennzeichnen, damit bei einem etwaigen Entfernen der Röhren die beste Zusammenstellung ohne weiteres festgelegt ist. Beim Ersatz einer defekten Röhre ist obiges ganz besonders zu beachten.

Zubehör.

Wir kommen nun zu dem Zubehör, dem Kopftelephon sowie den Batterien

IV. Das Telephon.

Von ausschlaggebender Bedeutung für befriedigenden Empfang und naturgetreue Wiedergabe von Sprache und Musik ist das Telephon. Ihm ist bei Beschaffung in seiner Wirkung große Beachtung zu schenken. Die Ohmzahl der Spulenwicklung, es sollten nur Doppelkopfhörer gewählt werden (Abb. 22), nehme man nicht unter 2000 Ω Gesamtwiderstand. Es ist nicht so sehr auf den Preis, als auf einen wirklich guten Kopffernhörer zu sehen. Die Lieferanten führen auf Wunsch dem Interessenten die Hörer im Betrieb vor. Ohne Scheu ist davon Gebrauch zu machen und das Beste zu wählen. Die meisten guten Doppelkopffernhörer haben 4000 Ω und sind äußerst empfindlich. Gute und empfehlenswerte Fabrikate sind z. B. die von Dr. G. Seibt, Berlin-Schöneberg. Ein Selbstbau des Fernhörers ist ausgeschlossen.

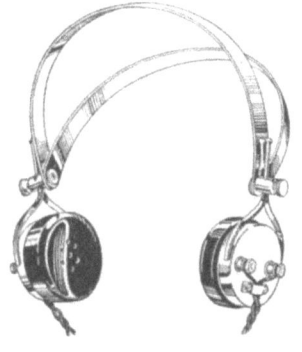

Abb. 22. Bügelanordnung, Einstellvorrichtung und Halteeinrichtung sowie Herausführung der Zuleitungen bei einem Doppelkopftelephon von I. G. Brown, Ltd., London. Das Doppelkopftelephon ist ganz besonders leicht ausgeführt.

V. Die Heizbatterie.

Zum Heizen der Glühkathode werden Akkumulatoren (Abb. 23) benötigt. Bei Verwendung der gebräuchlichen Verstärkerröhren, wie Telefunken, Seddig, beträgt die normale Heizspannung 6 Volt unter Vorschaltung eines entsprechenden Widerstandes bei Einzelschaltung vor jede Röhre. Es werden viel die automatisch arbeitenden Eisen-Wasserstoffwiderstände verwendet, die keinerlei Nachregulierung bedürfen, also im Betrieb äußerst bequem sind (Abb. 24). Der Stromverbrauch pro Röhre ist ungefähr 0,53 Ampere. Die Anzahl der verwendeten Verstärkerröhren und die Art deren Schaltung, ob parallel oder in Serie, gibt einen Anhalt zum Errechnen der zum Betrieb notwendigen Stromstärke.

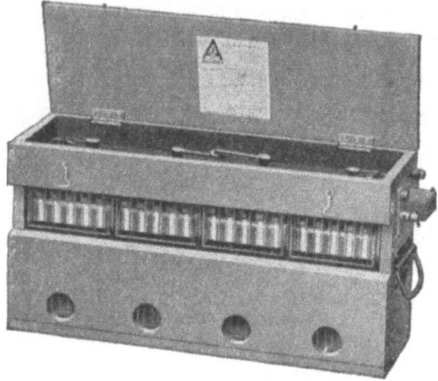

Abb. 23. Vierzellenbatterie mit Rapidplatten von Pfalzgraf.

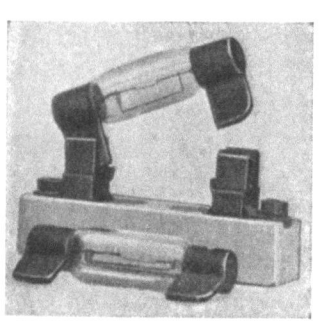

Abb. 24. Eisen-Wasserstoffwiderstand mit Porzellansockel der Huth-Gesellschaft.

Bei dem vorbeschriebenen Zweifachverstärker mit Serienschaltung der Röhren ist der Gesamtstromverbrauch gleich dem „einer" Röhre, also ca. 0,53 Ampere. Würden in diesem Zweifachverstärker unter Vorschaltung des entsprechenden Widerstandes die Röhren parallel geschaltet verwendet, so wäre der Stromverbrauch gleich zweimal 0,53 Ampere, also 1,06 Ampere oder der doppelte. Man erreicht bei Serienschaltung von zwei Röhren eine Stromersparnis von 50%, daher auch die Bezeichnung Sparschaltung. Der Unterschied im Empfang zwischen beiden Schaltungen ist derart gering, daß der Amateur immer mit Vorteil die Sparschaltung anwenden sollte.

Die Heizbatterie. 27

An Hand dieser Ausführung ist man in der Lage, die nötige Größe des Heizakkumulators zu bestimmen. Um einen reibungslosen, guten Betrieb zu gewährleisten, wählt man die höchste, dauernde Gebrauchsstromstärke um etwa 50% höher als der Verstärker eigentlich benötigt. Auf diese Weis schont man den Akkumulator sehr. Die normale Größe des Akkumulators für den Betrieb des vorbeschriebenen Zweifachhochfrequenz-Verstärkers ist eine solche von 1 Ampere Entladung und 20—30 Ampere-Stunden Kapazität.

Wie die eigene Erfahrung gelehrt hat, soll man sich besser gleich einen größeren Akkumulator von etwa 2 Ampere Entladung und 30—40 Ampere-Stunden beschaffen, mit welchem man dann auch Vier- bis Fünffachhochfrequenz-Verstärker ohne Schaden für den Akkumulator zu betreiben in der Lage ist. Anerkannt gut sind die Akkumulatoren der „Varta" Akt.-Ges. Oberschöneweide, der Gottfried Hagen Akt.-Ges., Hagen i. Westfalen, und der Pfalzgraf G. m. b. H. Berlin und andere mehr.

VI. Die Anodenbatterie.

Ein weiteres wesentliches Zubehör, von dessen Brauchbarkeit und guter Arbeit die Wirkungsweise des Verstärkers ganz be-

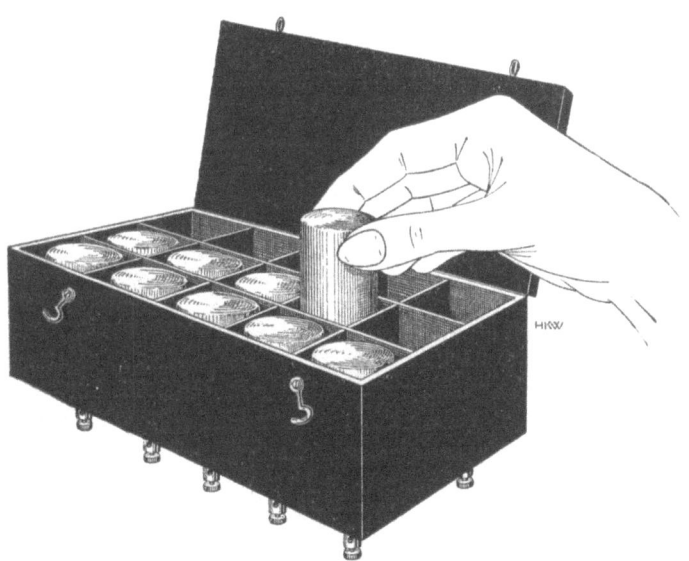

Abb. 25. Anodenbatterie mit auswechselbaren Elementen der Intensiv-Elementenfabrik.

sonders abhängt, ist die Anodenbatterie (Abb. 25). Hierzu eignen sich sowohl Akkumulatoren als auch Trockenbatterien. Die letzteren sind bequem in Handhabung und bedürfen keiner Wartung. Sie sind allerdings kostspielig im Gebrauch, da ihre Lebensdauer begrenzt ist und die Batterie auch dann, wenn sie nicht benutzt wird, aufzehrt. Aus diesem Grunde ist ein Ersatz in Zeiträumen von etwa einem halben Jahr nötig. Die Batterien haben je nach der verwendeten Verstärkerlampe 30, 60 oder 90 Volt. Wichtig ist, daß wir beim Einkauf auch wirklich frische, d. h. solche Batterien, die eben erst aus der Fabrikation kommen, erhalten. Hier sind wir vollkommen auf den Verkäufer angewiesen.

Besser ist es, sich solcher Batterien zu bedienen, die erst im Augenblick des Gebrauchs angesetzt werden. Es gibt mehrere Firmen, die derartige Anodenbatterien herstellen. Die beste derartige, mir bekannte Batterie ist die Intensivbatterie von Dr. Aron, Berlin. Die Konstruktion ist folgende: Der Batteriekasten ist gemäß der benötigten Voltzahl in so viel Kammern unterteilt, als man Elemente zur Erreichung der geforderten Spannung benötigt (Abb. 26). Die Anschaffung dieses Batteriekastens ist eine einmalige. Der Boden ist als Klappdeckel mit Scharnieren und Haken ausgeführt. Zu diesem Kasten werden die Einzelelemente in besonderer Packung und entsprechender Anzahl geliefert. Das Einzelelement ist so gebaut, daß bei Ingebrauchnahme der beim neuen Element herausragende Kohlepol durch Fingerdruck in das Element hineingeschoben wird. Hierbei zerbricht eine Glasblase im Innern des Elementes, das diese enthaltende Elektrolyt fließt aus, und das Element ist gebrauchsfertig. Die Einzelelemente werden nach dieser Manipulation in den Batteriekasten eingeführt, die Anodenbatterie ist betriebsfertig. Da das Elektrolyt erst im Augenblick der Benutzung mit den Elektroden in Berührung kommt, ist die Batterie vor der Auslösung unbegrenzt lagerfähig, ohne in ihrer Wirkung beeinträchtigt zu werden. Verbrauchte Elemente können herausgenommen und durch neue ersetzt werden.

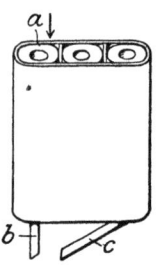

Abb. 26. Auffüllbatterie, insbes. für Lager- und Exportzwecke.

Sehr gut geeignet und jahrelang haltbar sind Akkumulatoren für Anodenbatterien. Da derartige Akkumulatoren wohlfeil herzustellen sind und leicht angefertigt werden können, so sei

Die Anodenbatterie.

nachfolgend eine solche Batterie von 90 Volt für den vorher beschriebenen Hochfrequenz-Verstärker erläutert. Der Anodenakkumulator ist allerdings nicht so bequem im Gebrauch als die Trockenelemente und bedingt außerdem einen Gleichstrom von mindestens 110 Volt zum Aufladen. Verfasser hat mit bestem Erfolg eine derartige selbstgefertigte Batterie im Gebrauch, die schon seit einigen Jahren zu vollster Zufriedenheit arbeitet. Die Aufladung geschieht an der 220-Volt-Lichtleitung unter Vorschalten eines Widerstandes von 20 000 Ω. Es sei noch besonders darauf hingewiesen, daß die notwendige Säure, chemisch reine Akkumulatorensäure (Schwefelsäure) von etwa 19° Beaume, giftig ist und stark ätzt. Tropfen auf Kleider und dergleichen zerstören das Gewebe, und es entstehen Löcher. Daher ist größte Vorsicht geboten. Ist irgendwo derartige Säure verschüttet, so muß man die Stelle sofort mit Ammoniak, Salmiakgeist benetzen, der die Säure neutralisiert und eine Zerstörung verhindert.

Um 90 Volt Spannung zu erreichen, benötigen wir, da die Akkumulatorenzelle 2 Volt hat, 45 einzelne Zellen. Diese stellen wir wie folgt her. Wir beschaffen uns 45 Reagensgläser von etwa 20 mm Durchmesser oder 45 Röhrchen, wie solche für Aspirin und dergleichen Verwendung finden. Die Gläser sind gut zu reinigen! Diese 45 Röhrchen setzen wir unter Einschaltung eines Zwischenraumes von etwa 5 mm, den wir durch kleine paraffinierte Brettchen solide einhalten, wie Abb. 27 zeigt, in einen entsprechenden, innen gut paraffinierten Holzkasten ein. Der Kasten wird so hoch gewählt, daß ein Deckel aufgesetzt werden kann und noch genügend Abstand von den Ableitungen, mindestens 20 mm licht, bleibt. Aus der Abbildung ist alles gut zu entnehmen. Sehr wichtig ist, daß der Kasten und die Brettchen reichlich mit Paraffin oder säurefesten Lack isoliert ist, damit sich der Akkumulator nicht selbst entlädt. Die Elektroden werden aus dünnem, chemisch reinen Bleiblech von etwa 1 mm Stärke geschnitten, und zwar in einer Breite von etwa 10 mm. Die Länge ist die zweimalige Glashöhe. Biegt man diesen Streifen in der Mitte mit dem nötigen Abstand um, dann reicht dieser nicht ganz auf den Boden des Röhrchens. Von solchen Streifen haben wir 44 Stück nötig (Abb. 27). Den Bogen des Streifens tauchen wir etwa 1,5 cm in geschmolzene Vergußmasse alter Taschenlampenbatterien ein. Diese Streifen werden, vom ersten Gläschen beginnend, nacheinander in sämtliche Gefäße eingehängt, so daß jedes Gläschen zwei Platten hat. Das erste und das letzte Gläschen erhalten nun noch je einen Streifen, der durch eine Öffnung im Seitenteil des Kastens zu einer Klemme führt, die, mit Hartgummi oder Pertinax isoliert, außen an der Kastenwand angebracht ist. Wir bezeichnen die eine Klemme mit + und die andere mit —

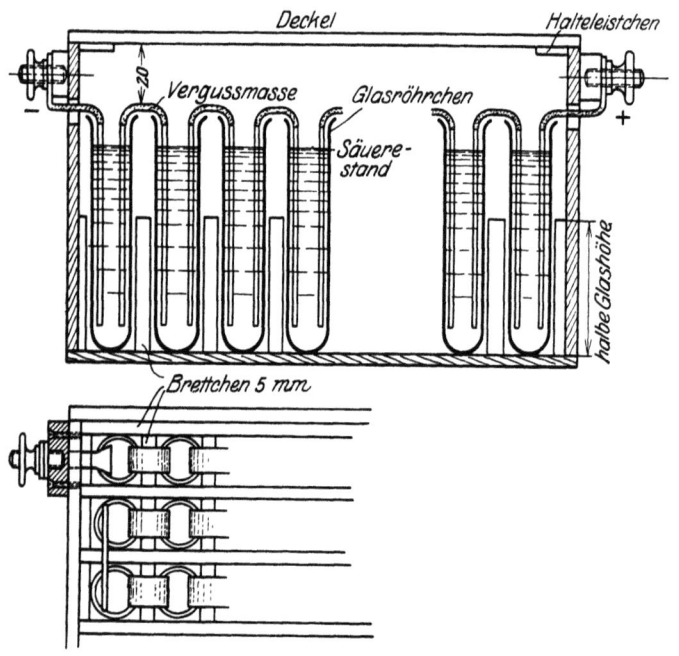

Abb. 27. Anoden-Akkumulator.

Mit einer kleinen Spritze aus Gummi oder Glas füllt man jetzt vorsichtig, damit keine Säure daneben läuft, die Gläschen bis etwa 2 cm vom Rande, und die Batterie ist betriebsfertig. Unter Vorschaltung eines Widerstandes von ungefähr 20 000 Ω wird der Akkumulator zur ersten Ladung an eine 220 voltige Gleichstromleitung, minus — mit minus —, plus + mit plus + geschaltet. Nach einiger Zeit tritt die Gasentwicklung auf, die Minus-Platte färbt sich grau und die Plus-Platte braun, der Akkumulator ist nun geladen, und es kann Strom entnommen werden. Diese Anodenbatterie ist fast unverwüstlich und billig im Betriebe, da der Ladestrom nur wenige Tausendstel Ampere beträgt.

Einiges über Wellenlängen.

Der Empfang von Wellenlängen von etwa 1800 m aufwärts bietet keine besonderen Schwierigkeiten. Versucht man jedoch durch Verringerung der Selbstinduktion des Rahmens, indem man wenige Windungen verwendet, Wellen unter 1800 m zu empfangen, so wird man bemerken, daß es uns schwer gelingt. Dieses liegt an der Kapazität innerhalb der Röhren und an der Kapazität, die die einzelnen Schaltelemente gegeneinander bilden, welche zusammen bis zu 25—30 cm reichen können. Bei Verwendung des Schwingaudions, wie in dem vorbeschriebenen Hochfrequenz-Verstärker verwendet, das bei kurzen Wellen mit Selbstüberlagerung arbeitet, ist jedoch auch bei niedrigen Wellen von weniger geübten Amateuren noch eine gute Lautstärke und Wiedergabe zu erreichen. Nur mit viel Geduld muß man sich wappnen und nicht beim ersten Fehlschlag versagen. Ich verweise hier auf die diesbezüglichen Ausführungen des Herrn H. E. Riepka: „Rahmenempfang für Amateure" in der Zeitschrift „Der Radio-Amateur" von Dr. Eugen Nesper, Berlin, Verlag Julius Springer, Heft 2 und 4.

Die Inbetriebnahme.

Bevor die Batterien an die Apparatur angestöpselt werden, überzeugen wir uns, daß die zu den Steckern führenden Leitungen an den richtigen Pol der Batterie angeschlossen sind. Vertauschte Pole machen ein Arbeiten des Empfängers unmöglich. Vor allem haben wir ganz besonders darauf zu achten, daß die Anodenbatterie an die hierfür bezeichneten Stecker unter allen Umständen richtig angeschlossen ist. Eine Verwechslung der Batterieanschlüsse bedeutet, daß der hochvoltige Anodenstrom in die Heizleitung der Röhren fließt und diese durchbrennen.

Nachdem wir uns von dem ordnungsmäßigen Anschluß der Stromquellen an den Dreifachstecker überzeugt haben, gehen wir an Hand des Schaltungsschemas nochmals alle hergestellten Verbindungen durch und kontrollieren alle Anschlüsse und Verbindungen, besonders auch die nötigen Lötstellen, auf guten elektrischen Kontakt. Es empfiehlt sich mit einem Galvanometer und Element auch die Apparatur auf Kurzschluß zu prüfen. Dies alles sind durchaus keine unwesentlichen Arbeiten, sondern ersparen durch rechtzeitiges Auffinden von Fehlern und Unregelmäßigkeiten später viel Mühe und Ärger.

Ist alles in Ordnung befunden, dann sorgen wir, daß die Steckerbuchsen innen gut sauber sind, damit rechter Kontakt gewährleistet ist. Die Stecker müssen so gespreizt werden, daß sie mit etwas Reibung in die Buchsen gehen. Nunmehr stellen wir die Steckerverbindungen des Rahmens mit dem Hochfrequenz-Verstärker her und stöpseln das Telephon an, die Röhren haben wir vorher eingesetzt. Zuletzt wird der Dreifachstecker mit der üblichen Vorsicht gestöpselt, und die Röhren brennen hell-weiß.

Jetzt nehmen wir den Doppelkopfhörer an das Ohr. Ist alles in Ordnung, so nehmen wir ein leichtes Rauschen im Hörer wahr. Das Rauschen erinnert an dasjenige einer größeren Meeresmuschel, ohne besonders zu stören. Ist dieses leichte Schwingen wahrzunehmen, dann ist die Apparatur in Ordnung, und beim Bewegen des Abstimmkondensators werden wir die auf den entsprechenden Wellen arbeitenden Stationen hören.

Bleibt das Telephon ruhig und ist beim Berühren des Kondensatoranschlusses kein Knacken im Telephon zu hören, dann ist irgendein Defekt im Empfänger, welcher systematisch gesucht werden muß. Mit Geduld und Aufmerksamkeit wird man bald zum Ziele gelangen und für alle Mühe reich belohnt werden.

Rundfunk
Empfänger

Bauerlaubnis von Telefunken

Druckschrift auf Wunsch

SIEMENS & HALSKE A.-G.
Wernerwerk, Siemensstadt bei Berlin

Die Errichtung und der Betrieb von Funksende- und Funkempfangseinrichtungen in Deutschland sind ohne Genehmigung der Reichstelegraphenverwaltung verboten und strafbar.

Radio-Apparatebau
Richard Jahre
Berlin-Karlshorst
Hentigstraße 14a

✳

Wellenmesser

✳

Spezialität:

Amateur-Bedarf

in technisch einwandfreier
Qualität

✳

Fordern Sie meine Druckschrift
„*Technische Ratschläge*"
ein

Die Errichtung und der Betrieb von Funksende- und Funkempfangseinrichtungen in Deutschland sind ohne Genehmigung der Reichstelegraphenverwaltung verboten und strafbar.

ANZEIGEN III

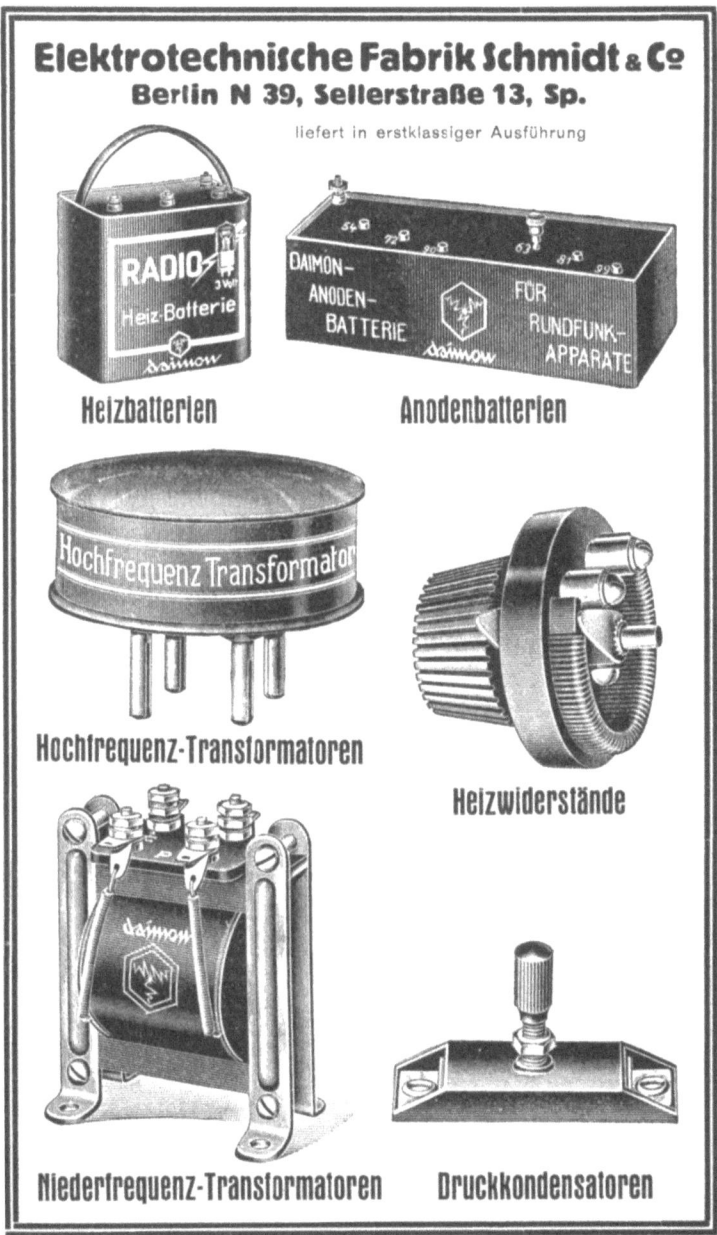

Die Errichtung und der Betrieb von Funksende- und Funkempfangseinrichtungen in Deutschland sind ohne Genehmigung der Reichstelegraphenverwaltung verboten und strafbar.

Radio-Amateure!

Wir liefern außer
kompletten Empfangsapparaten jeglichen Systems:

Alle Einzelteile zur Selbstherstellung

davon einige nur unter Berücksichtigung der
postalischen Vorschriften

Doppelkopfhörer	Widerstände
Drehkondensatoren	Transformatoren
Blockkondensatoren	Anodenbatterien
Detektoren	Akkumulatoren
Audionröhren	Antennenmaterial usw.

Preislisten kostenlos / Fachmännische Beratung
Zeitschriften und Fachliteratur stets vorrätig

Nesper, Der Radio-Amateur .... M. 11.—
Günther, Der praktische Radio-Amateur .. M. 6.—
Kappelmeyer, Radio im Heim .... M. 1.75
Günther, Radiotechnik .... M. 2.—
Fitze, Handbuch des Rundfunkteilnehmers M. 2.—
Lertes, Der Radio-Amateur .... M. 7.50

Mineralien
(Bleiglanz, Pyrit etc.)

*

S. Schroppsche Lehrmittel-Handlung
(früher Amelang'sche Lehrm.-Hdlg.)

Dorotheenstraße 53   **Berlin NW 7**   Dorotheenstraße 53

Die Errichtung und der Betrieb von Funksende- und Funkempfangseinrichtungen in Deutschland
sind ohne Genehmigung der Reichstelegraphenverwaltung verboten und strafbar.

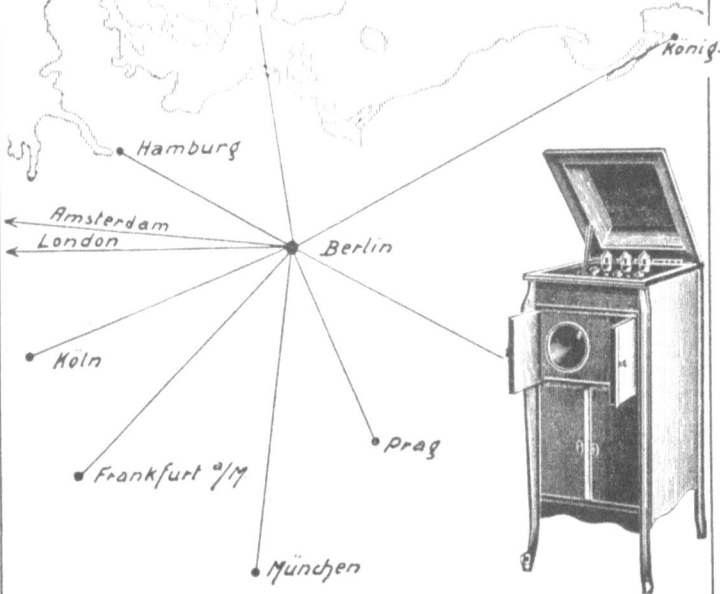

Die Errichtung und der Betrieb von Funksende- und Funkempfangseinrichtungen in Deutschland sind ohne Genehmigung der Reichstelegraphenverwaltung verboten und strafbar.

VI ANZEIGEN

Verlag von Julius Springer in Berlin W 9

Bibliothek des Radio-Amateurs

Herausgegeben von

Dr. Eugen Nesper

Fertig liegen vor:

1. Band: **Meßtechnik für Radio-Amateure.** Von Dr. **Eugen Nesper.** Mit 48 Textabbildungen. 1924. 0.90 Goldmark / 0.25 Dollar

2. Band: **Die physikalischen Grundlagen der Radiotechnik** mit besonderer Berücksichtigung der Empfangseinrichtungen. Von Dr. **Wilhelm Spreen.** Mit 111 Textabbildungen. 1924.
2.10 Goldmark / 0.50 Dollar

Ferner werden folgen:

3. Band: **Schaltungsbuch für Radio-Amateure.** 140 wichtige Radioschaltungen. Von **Karl Treyse.** Mit 140 Abbildungen im Text.

4. Band: **Die Röhre und ihre Anwendung.** Von **Hellmuth C. Riepka,** Schriftführer des Deutschen Radio-Clubs. Mit 100 Abbildungen.

In Vorbereitung befinden sich:

Formeln und Tabellen. Von Dr. **Wilhelm Spreen.**

Stromquellen. Von Dr. **Wilhelm Spreen.**

Die Telephoniesender. Von Dr. **P. Lertes.**

Innenantenne (Zimmer- und Rahmenantenne). Von **Hellmuth C. Riepka.**

Unterricht im Morsen. Von **I. Albrecht.**

Der Niederfrequenz-Verstärker. Von **O. Kappelmayer.**

Die Errichtung und der Betrieb von Funksende- und Funkempfangseinrichtungen in Deutschland sind ohne Genehmigung der Reichstelegraphenverwaltung verboten und strafbar.

ANZEIGEN   VII

Spezialfabrik für Radio-Apparate

Radiofrequenz G.m.b.H.
Berlin-Friedenau / Niedstr. 5
Telefon: Rheingau Nr. 8046 / 8047 / 8066
Telegramm-Adresse: „Variometer, Berlin"

Detektoren / Dreh-Kondensatoren / Lautsprecher sowie sämtliche Zubehörteile

---

Die Errichtung und der Betrieb von Funksende- und Funkempfangseinrichtungen in Deutschland sind ohne Genehmigung der Reichstelegraphenverwaltung verboten und strafbar.

ANZEIGEN

Verlag von Julius Springer in Berlin W 9

Der Radio-Amateur
„Broadcasting"
Ein Lehr- und Hilfsbuch für die Radio-Amateure
aller Länder

Von

Dr. Eugen Nesper

Vierte Auflage

Mit 377 Abbildungen. 1924

Gebunden 10 Goldmark / Gebunden 2.75 Dollar

Verlag von Julius Springer und M. Krayn, Berlin

Der Radio-Amateur
Zeitschrift für Freunde der drahtlosen Telephonie und Telegraphie
Organ des Deutschen Radio-Clubs

Unter ständiger Mitarbeit von
Dr. Walter Burstyn-Berlin, Dr. Peter Lertes-Frankfurt a. M., Dr. Siegmund Loewe-Berlin
und Dr. Georg Seibt-Berlin u. a. m.

Herausgegeben von

Dr. E. Nesper-Berlin

Bisher sind erschienen:
I. Jahrgang (1923) Heft 1—5; II. Jahrgang (1924) Heft 1—3

Die Zeitschrift erscheint ab 1. April 1924 vierzehntägig, und zwar Mittwochs.
Jährlich 26 Hefte

Inlandspreis pro Heft: 0.40 Goldmark / Auslandspreis 0.10 Dollar

Inlandspreis pro Monat April 1924: 0.90 Goldmark

Auslandspreis pro Vierteljahr: 0.65 Dollar, zuzüglich 0.25 Dollar Versandauslagen

(Die Auslieferung erfolgt vom Verlag Julius Springer in Berlin W 9)

Die Errichtung und der Betrieb von Funksende- und Funkempfangseinrichtungen in Deutschland
sind ohne Genehmigung der Reichstelegraphenverwaltung verboten und strafbar.

Radio-Apparate für den deutschen Rundfunkverkehr

Radio-Apparate und Einzelteile für Export

Gleit-Widerstände

Mehrere D. R. P. und D. R. G. M.
Berechtigte Benutzung der Telefunken-Schutzrechte

Zur Herstellung von Rundfunkgerät in ganz Deutschland zugelassen
Eigene Fabrik — eigenes physikalisch-technisches Laboratorium

Watt Elektrizitäts-Aktiengesellschaft, **Dresden-N 6**

Drahtanschrift: Wattaktien Dresden / Fernsprecher: 10589, 19644, 17100
A B C-Code 5th Ed. — Rud. Mosse-Code

Die Errichtung und der Betrieb von Funksende- und Funkempfangseinrichtungen in Deutschland sind ohne Genehmigung der Reichstelegraphenverwaltung verboten und strafbar.

Radiowerk E. Schrack

Wien XVIII / Schumanngasse 31

Telephon: 19773 – Telegramm-Adr.: Audionwerk Wien

Wir erzeugen:

Apparate für drahtlose Telegraphie und drahtlose Telephonie

Insbesondere:

Röhrensender
Antennenempfänger
Rahmenempfänger
Hochfrequenzverstärker
Niederfrequenzverstärker
Wellenmesser
Erregergeräte
Kapazitätsmeßbrücken
Präzisionsdrehkondensatoren
usw.

Verstärkerröhren
Senderöhren

Audion-Röhren

bester Qualität liefert

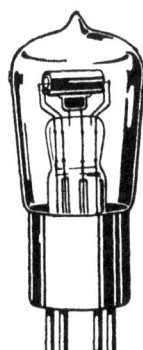

Loewe-Audion
G. M. B. H.
Berlin-Friedenau
Niedstraße 5

Telefon Rheingau: 8046, 8047, 8066   Telegrammadresse: Laborloewe

Die Errichtung und der Betrieb von Funksende- und Funkempfangseinrichtungen in Deutschland sind ohne Genehmigung der Reichstelegraphenverwaltung verboten und strafbar.

CHARLOTTENBURGER LEHRMITTEL-ANSTALT

TECHNISCHES ANTIQUARIAT

Groß-Fabrikation
Kondensatoren

BERLIN-CHARLOTTENBURG
BISMARCKSTRASSE 70

FERNSPRECHER: WILHELM 6594

If you have any concerns about our products,
you can contact us on
ProductSafety@springernature.com

In case Publisher is established outside the EU,
the EU authorized representative is:
**Springer Nature Customer Service Center GmbH
Europaplatz 3, 69115 Heidelberg, Germany**

Printed by Libri Plureos GmbH
in Hamburg, Germany